智能电网技术丛书

ACTIVE
POWER GRID TECHNOLOGY

主动式电网技术

陈德鹏　韩　坚　刘　松　编著

镇　江

图书在版编目(CIP)数据

主动式电网技术 / 陈德鹏，韩坚，刘松编著. — 镇江：江苏大学出版社，2018.11
ISBN 978-7-5684-0987-2

Ⅰ.①主… Ⅱ.①陈… ②韩… ③刘… Ⅲ.①智能控制—电网 Ⅳ.①TM76

中国版本图书馆 CIP 数据核字(2018)第 263933 号

主动式电网技术

Zhudong Shi Dianwang Jishu

编 著 者/陈德鹏　韩　坚　刘　松
责任编辑/张小琴
出版发行/江苏大学出版社
地　　址/江苏省镇江市梦溪园巷 30 号(邮编：212003)
电　　话/0511-84446464(传真)
网　　址/http://press.ujs.edu.cn
排　　版/镇江市江东印刷有限责任公司
印　　刷/镇江文苑制版印刷有限责任公司
开　　本/710 mm×1 000 mm　1/16
印　　张/11.25
字　　数/230 千字
版　　次/2018 年 11 月第 1 版　2018 年 11 月第 1 次印刷
书　　号/ISBN 978-7-5684-0987-2
定　　价/48.00 元

前　言

随着经济的发展、社会的进步、科技和信息化水平的提高,以及全球资源和环境问题的日益突出,电网发展面临新课题和新挑战。依靠现代信息、通信和控制技术,大力发展坚强的智能电网,以适应未来可持续发展的要求,已成为国际电力发展的现实选择。

"坚强"智能电网是以特高压为骨干网架、各级电网协调发展的坚强网强为基础,以通信信息平台为支撑,具有信息化、自动化、互动化特征,包含电力系统的发电、输电、变电、配电、用电和调度的各个环节,覆盖所有电压等级,实现"电力流、信息流、业务流"的高度一体化融合的现代电网。

坚强的内涵是指具有坚强的网架结构、强大的电力输送能力和安全可靠的电力供应。坚强的网架结构是保障电力安全可靠供应的基础;强大的电力输送能力,是与电力需求快速增长相适应的发展要求,是坚强的重要内容;安全可靠的电力供应是经济发展和社会稳定的前提,是电网坚强内涵的具体体现。

以坚强为基础来发展智能电网,可以提高电网防御多重故障、防止外力破坏和防灾抗灾的能力,能够增强电网供电的安全可靠性;可以提高电网对新能源的接纳能力,推动分布式和大规模新能源的跨越式发展;可以提高电网更大范围的能源资源优化配置能力,充分发挥其在能源综合运输体系中的重要作用。因此,发展智能电网必须以坚强为基础。

为了构建更为坚强的智能电网,提高电力系统的可靠性,需要改变传统电网

“被动”的局面。本书主要从电力生产的规划、运行、保护、检修、营销这五大环节入手，研究各环节的主动式电网技术，让电网更“主动”、更坚强、更智能。本书共6章，主要包括：概论、主动式配电网规划技术、主动式电网运行技术、主动式电网保护技术、主动式电网检修技术、主动式电网营销技术。

本书不仅仅是一本主动式电网技术的基础读物，而且对读者了解和研究主动式电网技术前沿课题也有所裨益，还融入了编者从业经验和个人之见。限于专业水平，书中存在不妥之处在所难免，敬请读者批评指正！

编　者

2018 年 8 月

目　录

第1章 概 述

为了构建更为坚强的智能电网，提高电力系统的可靠性，需要改变传统电网“被动”的局面。本书主要从电力生产的规划、运行、保护、检修、营销这五大环节入手，研究各环节的主动式电网技术，让电网更“主动”、更坚强、更智能。

1.1 主动式配电网规划技术

未来电网规划将不再仅仅将满足负荷需求作为电网需求分析的唯一标准，即不仅仅基于最大负荷水平进行电网规划，而是需要考虑不同负荷水平、不同分布式电源出力下的概率性配电网规划。

主动式电网规划技术将从双态数据整合池、“三位一体”主动规划、配电网优化调度控制、源网荷协调消纳方式、阳光服务交互平台和异构通信网6个方面出发，全面提高配电网主动规划、主动控制、主动管理、主动服务和主动响应能力。同时，电网的建设和运行受外界环境的影响较大，受气象条件的影响尤为显著。气象条件是电网规划设计的主要依据，它的真实性和客观性直接影响着工程建设的经济性与电网运行的安全性，并经受工程长期安全运行的考验。

因此，为降低和避免气象灾害对电力设施的破坏，电网公司先后出台了多项意见和措施，要求今后在电网规划和建设过程中，利用科技手段研究自然灾害规律，提升电网设施的抗灾害能力，保障电网的安全运行，使自然灾害造成的损失最小化，以期实现电网防灾减灾“预防为主，综合治理，损失最小，恢复最快”的基本要求。

1.2 主动式电网运行技术

在全球气候变化的大背景下，一些区域性的洪涝、高温、干旱、台风、雨雪冰冻等极端气候事件日益增多。联合国政府间气候变化委员会（IPCC）在2012年发布了题为《适应气候变化的极端事件和气象灾害风险管理》的报告。报告指出，在过去的15年中许多国家可能遭遇过极端天气事件，一些区域性的恶劣天气、极端气候事件的强度和发生频率有增强的趋势，特别是极端风灾和冰灾。架空输电线路等输变电设备长期暴露于大气环境之中，易受气象灾害如雷暴、冰灾、风灾、地质灾害等的袭击而发生故障，电网能否安全可靠运行与外部气象环境有密切关系。

主动式电网运行技术将研究气象灾害作用下输电线路故障风险分析方法和预警模型，以构建精细化的输电线路气象风险分析和预警理论体系为目标，进一步深化气象导致输电线路故障的规律认识，提出有针对性的风险预警与防控方法。通过构建输电线路气象风险规律的描述方法，帮助电力系统实现差异化设计，完善可靠性评价模型，以及开展输电线路精细化运维管理。通过构建输电线路气象风险预测预警的模型和方法，帮助电力系统运行和调度部门提前感知线路运行风险，做好有针对性的降风险运行措施，从而防范大面积停电事故，提高电力系统安全运行水平。

1.3　主动式电网保护技术

在提升电力系统调控裕度和灵活性的同时，电力系统复杂程度大幅提升，安全问题也更加突出。显著增多的运行不确定性因素、远距离跨区输电的复杂外部气象环境、交直流故障耦合传播等影响因素均给现有的电力系统保护及安全控制带来新的挑战。因此，提升保护及安全稳定控制装置的适应性和预见性成为紧迫的要求。

主动式电网保护技术将从引发设备故障的原因、故障的发展趋势、后果差异等方面重新认识故障现象，提出研究基于输变电设备安全域的主动保护与控制方法，目标是通过获取外部气象环境及电网设备运行信息，主动感知影响电力设备本体的特征参数及其变化规律，构建输变电设备的安全域和动态安全裕度识别方法；根据设备安全域和设备运行参数偏离安全域的程度，预测故障发生或发展的趋势；在充分利用设备及电网冗余性的基础上，采取有效的控制措施阻断故障传播过程，控制故障后果，形成在线、动态的电气设备主动保护与控制体系，以适应复杂电网安全运行的需要。

1.4　主动式电网检修技术

变电站是电网的枢纽，是电网涉及行业门类较多且技术相对密集的地方。电力系统中各变电站的可靠运行决定了电网的可靠运行及电能质量。为了保证变电站处于健康良好的运行状态，变电设备，特别是变压器、断路器等主设备的检修工作成为供电企业日常繁重的工作之一。如何更为有效地提高变电设备的检修管理水平和检修决策的科学性，是运行检修人员目前在日常工作中亟待解决的重点和难点。

主动式电网检修技术基于可靠性理论，对变电主设备及其部件的检修管理过程中何时检修和如何检修这两个关键问题进行了深入研究。针对已实施和未实施状态检修的情况，分别建立设备可靠性评估方法，判断设备是否需要检修；针对如何检修提出部件检修级别决策方法和检修顺序决策方法。老化、磨损、腐蚀、冲击等变电设备自身或者外界的因素，使得变电主设备的可靠性水平随着时间的推移而逐渐降低，发生故障在所难免。因此从现实层面而言，主动式电网检修技术能有效提高设备检修管理水平和检修决策的科学性，并在检修作业时保证电网的可靠性；从理论层面而言，基于可靠性理论对变电主设备检修决策方法的研究，可以丰富和完善可靠性及检修相关的理论和方法，将现实中的检修管理过程转化为实际有效的数学模型，进一步从理论上寻求最优的变电主设备检修方法与策略。

1.5 主动式电网营销技术

在未来的市场环境下，未来电网的营销不再是客户提供需求、供电企业来满足客户需求这种模式，而是通过大数据分析，掌握客户的行为习惯，主动为客户提供服务。可见，大数据将成为未来营销技术的基础。目前，电网公司已经实现了用电数据“全采集”。但是，电网公司能够采集到的用电数据仅限于电能表前，不能深入客户家庭。通俗地讲，客户和电网公司目前能够知道客户用了多少度电，而每一度电用在哪里却不得而知。也就是说，智能电表能够采集到的数据仅仅只是客户粗犷的用电总量，没有精细的分量数据，这导致电网公司与客户之间的用电数据的割裂、分离。于是，这种现状造成所采集数据的利用价值不高，可挖掘程度不深。

主动式电网营销技术研究开发节能型智能插座，并基于此建立用电精细数据库，可以了解客户用电详细情况，为其定制个性化的专属电价套餐，引导科学用电，锁住客户；可以为电网公司和政府提供分城市、分区域、分时段、分电器类型、分用电性质等；可以详细了解整个城市的用电分布情况，从技术上优化电网调度和运行，为政府能源战略决策提供技术支撑；为政府、国网，甚至广大电器厂商提供分全方位的详细数据——小到一台电器、一位客户，大到整个社会的详细用电情况；为电网公司提供分析与决策支撑，这些决策包括精准的调峰调频策略、精准的分布式新能源的调度策略、精准的负荷预测等。

第 2 章　主动式配电网规划技术

2.1　引言

分布式能源（distribution energy resource，DER）及新型用电负荷（如电动汽车等）的大量接入，给配电网规划与运行带来了新的挑战。为此，主动配电网（active distribution network，ADN）的概念应运而生。因为主动配电网属于一种新兴概念，所以，对其主要内涵还未有合理的解释，相关技术范围也没有被明确划分出来。但按照国际权威的电力认证会议在召开期间给出的解释，大部分研究人员认为：主动配电网指的就是主动分配电网系统中存在的能源，并对这些能源进行一定的管理控制。同传统配电网系统相比，主动配电网更加灵活多样，这使得其技术结构也相对复杂。主动配电网的出现和使用，可以在一定程度上改变我国电网系统中的电流分布方式，在电工管理和监控下，以最标准的方式来分配电网中各个部位的电流量。从实际上来看，主动配电网是通过利用具有高智能特性的电子控制器和灵活高度的通信网络，为其在参与电力调节工作时提供一定的支撑，确保其能够一直处于稳定运行状态，从而达到优化电力供需的目的。

2.2　主动配电网规划的需求

配电系统是电力系统的重要组成部分，是输电网和用户之间重要的中间环节。在传统配电网规划中，配电网与用户稳定地扮演着“供”与“需”的关系。但近年来，随着经济的不断发展和社会用电需求的增长，电网最大负荷利用小时数不断上升，尖峰负荷问题日益突出，在此过程中，配电网的运行负担也在急剧加重，可控负荷等新型负荷的出现也对配电网的运行控制提出新的要求。此外，大量分布式电源（DG）、储能设备（EES）和可控负荷等分布式能源资源（DER）开始接入配网，极大地增加了配电网的运行与控制的不确定性。

传统配电网在规划时没有考虑分布式电源接入配电网的影响，而是基于电力潮流从变电站单向流向负荷点这一前提设计的，只是针对某个负荷预测值采用最大容量裕度（给定网络结构）来应对最严重工况的运行条件（即使最严重工况为小概率事件），从而在规划阶段就可以找到处理所有运行问题的最优解。因此，为了保证网络的安全性和可靠性，传统的配电网络应对负载的不确定性通常依赖其大容量和灵活的网络结构，但采用相对简单的运行模式和控制方法。然而随着配电网中 EDR 渗透率的快速升高，配电网的规划方法和运行模式变得越来越复杂，投资效益也大受影响，促使配电网规划从被动规划向主动规划转变。

与传统规划不同，主动规划是将配电网的规划建设和灵活管控相结合，在满足电力需求和系统安全的前提下，利用灵活管控技术来协调大规模间歇式能源出力与负荷用电的匹配度，在不失可靠性的同时，达到降低系统建设费用的效果，实现整体的经济性，确保电力企业和电力用户都能负担得起。因此，主动规划是一种将主动管理引入规划过程的动态规划。

2.3　主动配电网规划与传统配电网规划

传统配电网的目的是在规划阶段解决运行问题，如容量匹配，而不考虑控制问题。而主动配电网的规划应该综合考虑运行问题和控制问题，以实现最优的技术经济性。

传统配电网规划的主要任务是确定在规划期内何时、何地投建何种类型的输电线路及其回路数，以满足规划周期内的区域电力负荷需求，在确保达到线路载流能力、节点电压水平、供电可靠性等各类基本技术指标的前提下，追求系统投资成本的最小化。为适应节能减排政策对电力系统发展提出的新要求，近些年环境因素正被越来越多地考虑进配电网规划工作中，“成本最小化”已不再是决定规划方案优劣的唯一准则。与此对应的数学规划模型无论在目标函数还是约束条件下均得到一定程度的拓展。然而，传统配电网属于标准的无源网络，相关研究所采用的规划方法针对负荷预测结果采用必要的容量裕度即可应对所有可能的系统运行场景，并方便地找到各类准则下的最优解，因此传统配电网的规划研究相对简单。

主动配电网是一种分布式能源的资源优化配置方式，涉及诸多因素。到目前为止，我国乃至国际上对主动配电网规划的研究仍处于探索阶段。

2.4　主动配电网规划体系结构

主动配电网规划不再仅仅将满足负荷需求作为电网需求分析的唯一标准，即不仅仅基于最大负荷水平进行电网规划，而是需要考虑不同负荷水平、不同分布式电源出力下的概率性配电网规划。

本节根据主动配电网的特点，将主动配电网规划体系划分为现状分析、负荷预测、网荷协调规划等内容，如图 2-1 所示。

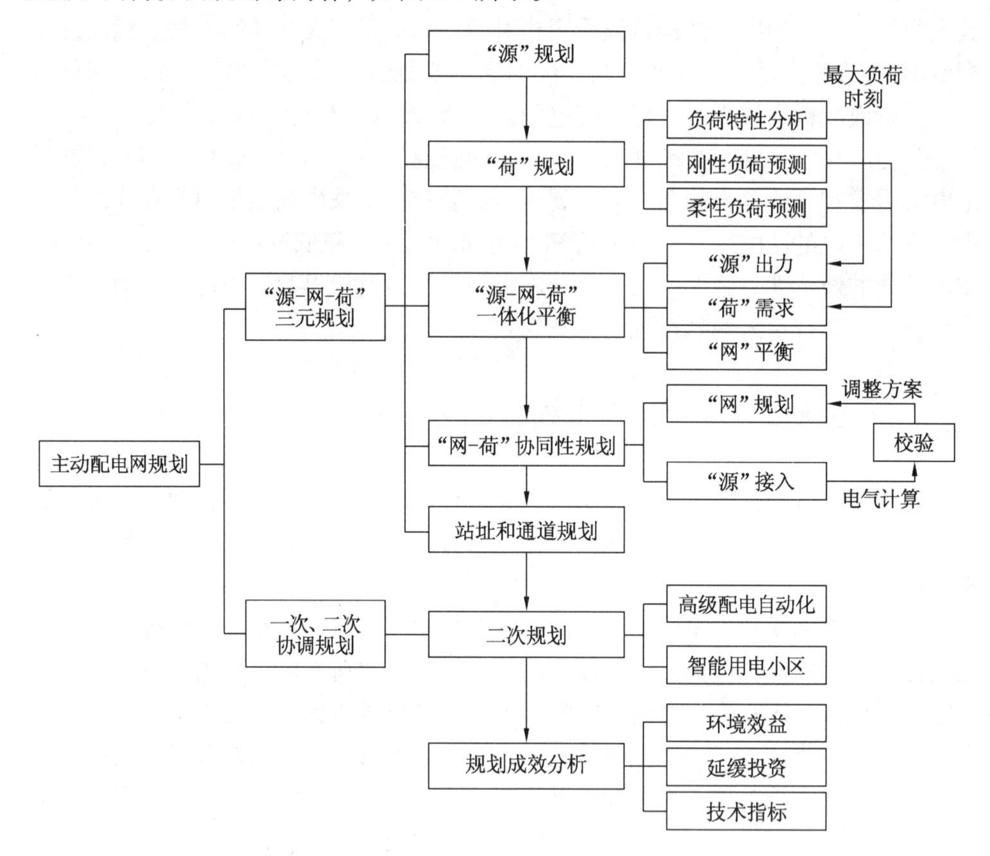

图 2-1　主动配电网规划体系结构图

2.5　主动配电网规划原则研究思路

主动配电网规划原则研究总体思路如图 2-2 所示，首先，从需求分析开始，对配电网规划、分布式电源、储能和电动汽车的需求进行调研；然后，针对主动配电网规划的模型和计算方法进行研究。在模型方面，首先对分布式电源和电动汽车的功率特性进行建模，针对主动配电网背景下的主动管理方式进行分析，建立主动配电网电源规划和网架规划的双层模型，实现分布式电源、电动汽车充电站和网架结构优化配置，采用智能算法求解。最后，将该方法应用于实际网络，验证方法的准确性和实用性，通过实践结果，实现电源和网架结构的优化配置，使得配电网性能得到大幅提升。

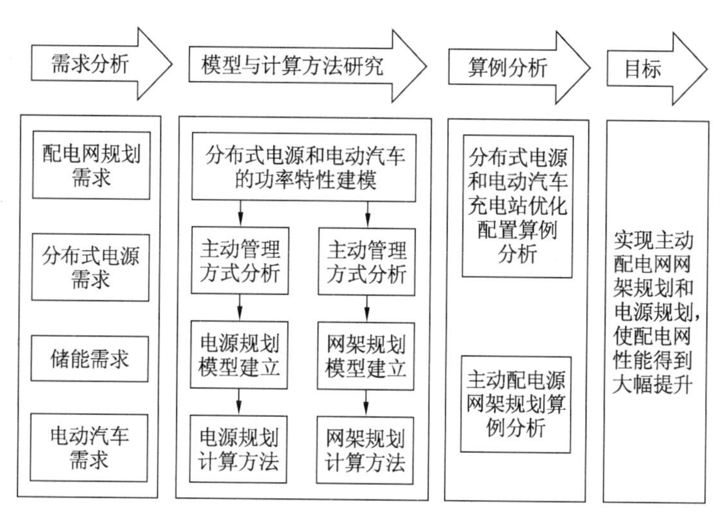

图 2-2　总体研究思路

（1）研究分布式电源的功率特性。所述分布式电源主要包括光伏发电机、风力发电机、微型燃气轮机和储能装置。首先，对光伏发电机和风力发电机进行不确定性建模，光照采用贝塔分布进行拟合，风速采用双参数威布尔分布进行拟合，光伏和风电的输出功率与光照和风速之间满足非线性函数关系。其次，对微型燃气轮机和储能装置进行确定性建模，微型燃气轮机的功率可控且功率变化量在一定范围内；储能装置的功率可控，同时在调度周期内总充放电量小于储能装置的容量。最后，针对电动汽车充电站的功率特性进行研究，考虑用户使用行为的随机性，采用对数正态分布拟合用户的日行驶里程数，正态分布拟合用户开始充电时间，利用蒙特卡罗模拟方法得到一定规模电动汽车的充电负荷量。考虑电动汽车的有序充电，平抑电动汽车的充电负荷。

（2）研究主动管理方法。主动控制方法包括两种，① 分布式发电机出力控制：通过控制分布式电源的有功出力来优化系统运行状况。② 电动汽车充电站出力控制：通过对电动汽车进行有序充电来优化系统运行状况。

所述主动配电网规划问题既考虑了分布式电源和电动汽车充电站的主动管理，又涉及分布式电源和电动汽车充电站的布点问题，因而可将主动配电网规划模型转化为双层规划模型，具体如图 2-3 所示。

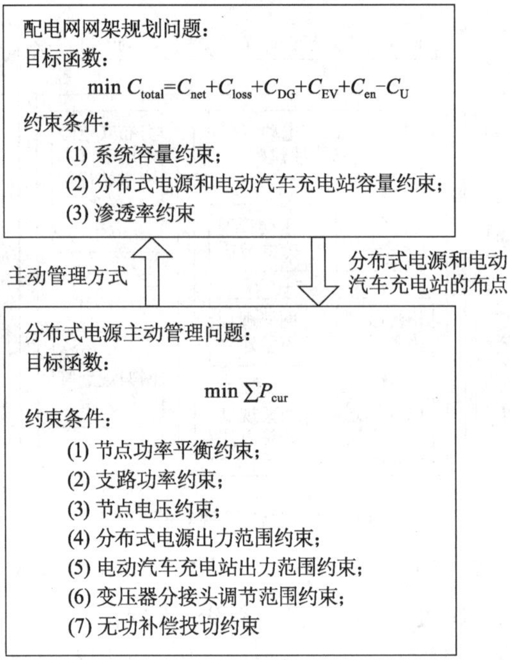

配电网网架规划问题：
目标函数：
$\min C_{total}=C_{net}+C_{loss}+C_{DG}+C_{EV}+C_{en}-C_{U}$
约束条件：
(1) 系统容量约束；
(2) 分布式电源和电动汽车充电站容量约束；
(3) 渗透率约束
主动管理方式
分布式电源和电动汽车充电站的布点
分布式电源主动管理问题：
目标函数：
$\min \sum P_{cur}$
约束条件：
(1) 节点功率平衡约束；
(2) 支路功率约束；
(3) 节点电压约束；
(4) 分布式电源出力范围约束；
(5) 电动汽车充电站出力范围约束；
(6) 变压器分接头调节范围约束；
(7) 无功补偿投切约束

图 2-3　分布式电源和电动汽车充电站优化配置模型示意图

（3）研究分布式电源和电动汽车充电站优化配置模型的求解方法。上层规划模型是分布式电源的布点规划问题，可将其转化为一个整数规划问题，并采用自适应遗传算法对上层规划进行求解。下层规划是非线性规划模型，可采用原对偶内点法进行求解。

2.6　主动配电网二次设备规划原则

2.6.1　自动化系统建设基本原则

（1）配电自动化系统主要由主站、配电终端和通信网络组成，通过采集中低压配电网设备运行实时、准实时数据，贯通高压配电网和低压配电网的电气连接拓扑，融合配电网相关系统业务信息，支撑配电网调度运行、故障抢修、生产指挥、设备检修、规划设计等业务的精益化管理。

（2）安全防护要求。配电自动化系统建设应遵循国家电力监管委员会第 5 号令等有关技术要求及公司关于中低压配电网安全防护的相关规定。

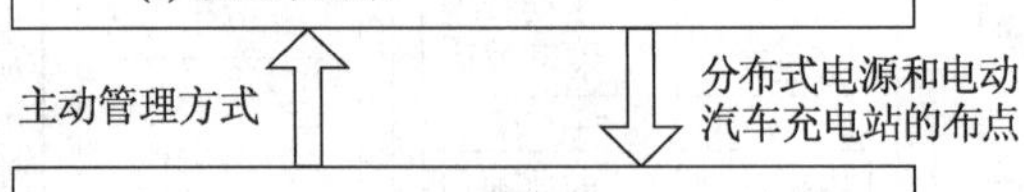

2.6.2　通信系统建设基本原则

研究终端通信接入网规划水平年的具体目标及量化指标，对不同的配电区域设定差异化目标。量化指标包括但不限于以下指标：各类 10 kV 配电站点、各类 0.4 kV 站点（工商业及居民用户表计、智能交互终端、电动汽车充电桩等）通信覆盖率，其中光纤、无线、载波覆盖率指标应分别描述。

技术政策：参考配电通信网总体设计，根据公司智能配用电网规划目标确定。

规划重点：根据规划目标和技术政策提出终端通信接入网至规划水平年各阶段的重点项目，简单论述重点项目的必要性、建设规模、预期目标。按照规划期内配用电通信重点项目建设时序，给出逐年的项目安排。

信息交互总线技术要求：根据主站规模和相关信息系统的接口数量，合理配置信息交换总线的相关软硬件。

2.6.3　安全防护建设基本原则

（1）在管理信息大区Ⅲ、Ⅳ区之间应安装硬件防火墙实施安全隔离。硬件防火墙应符合公司安全防护规定，并通过相关测试认证。

（2）配电自动化系统应具备对接入配电网的分布式电源、储能系统、电动汽车充换电设施等的监控功能。

（3）分布式电源、储能系统及电动汽车充换电设施接入配电网时，应评估其对配电自动化故障检测和处理策略的影响。

2.7　主动配电网负荷预测

2.7.1　主动配电网负荷分类

电力负荷预测是电网规划的重要组成部分之一，对电网规划的质量具有决定性影响。不同于仅含固定负荷的传统配电网，主动配电网中部分负荷可响应某些调节机制，在一定程度上参与电网调度。由于新型负荷的出现，原有负荷预测中涉及的最大负荷功率、负荷电量及典型负荷曲线均发生了变化。依据负荷可参与电网调度程度的不同，负荷可分为不可控负荷、可控负荷和可调负荷 3 类。

（1）不可控负荷即传统负荷。这类负荷用电需求较为固定，是目前配电网负荷的主要组成部分，用 L_1 表示。

（2）可控负荷主要为可中断负荷，通常通过经济合同（协议）实现。经济合同（协议）由电力公司与用户签订，在系统峰值时和紧急状态下，用户按照合同规定中断和削减负荷。可控负荷是配电网需求侧管理的重要保证，用 L_2 表示。

（3）可调负荷是指不能完全响应电网调度，但能在一定程度上跟随分时段阶梯电价等引导机制，调节其用电需求的负荷，用 L_3 表示。

主动配电网整体负荷 $L=L_1+L_2+L_3$。

值得一提的是，电动汽车作为新兴负荷，其负荷特性与充电模式密切相关。对于采用慢速充电、常规充电和快速充电方式的电动汽车，可通过响应阶梯电价的方式参与电网调度，这类负荷属于可调负荷；对于采用在换电站更换电池方式充电的电动汽车，可通过对换电站参与电网调度，这类负荷属于可控负荷。

为了表征主动配电网中可调负荷对引导机制的响应程度，定义负荷响应系数 μ 如下：

$$\mu=\frac{L_{2A}}{L_2}=\frac{L_{2A}}{L_{2A}+L_{2B}} \tag{2.1}$$

式中，L_{2A}表示全部可调负荷 L_2 中，能够完全响应某种引导机制（如在高峰电价时主动停运）的部分；L_{2B}表示不响应该引导机制的部分。因此，μ 可用来衡量负荷引导机制的调节作用。

进一步，将可调负荷中可以完全跟随引导机制的负荷归入可控负荷，将无法跟随引导机制的负荷归入不可控负荷。可将主动配电网整体负荷从是否受控角度分为两类：友好负荷和非友好负荷。为了表征主动配电网中负荷受控程度，定义负荷主动控制因子 λ 如下：

$$\lambda=\frac{L_3+L_{2A}}{L}=\frac{\mu L_2+L_3}{L_1+L_2+L_3} \tag{2.2}$$

由上式可知，λ 即为友好负荷在配电网整体负荷中的比例。

各类负荷之间的关系如图 2-4 所示。

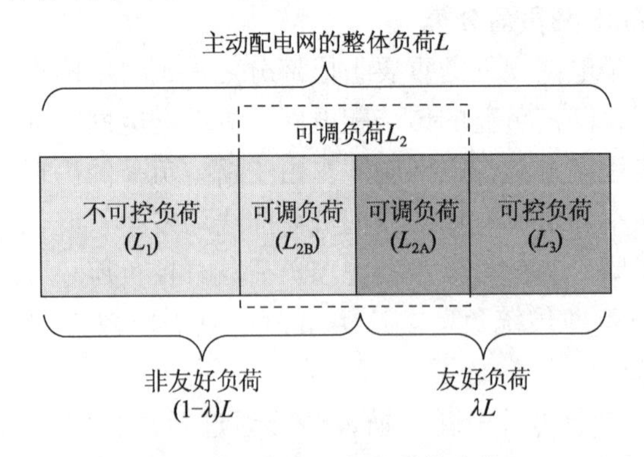

图 2-4　主动配电网负荷分类

2.7.2　含友好负荷的主动配电网负荷预测方法

友好负荷是主动配电网中的完全受控负荷，可以根据电网调度和负荷引导机制进行主动调节，为配电网安全经济运行发挥有益作用。这正是主动配电网需求侧响应特性的体现。

在配电网规划中，需求侧响应最重要的作用是削减峰值负荷，从而降低配电网所需的设备容量。主动配电网的负荷预测需在总体负荷预测的基础上进行友好负荷的预测，从而确定主动配电网下新的峰值负荷：

$$P_{ML} = P_L - P_{fL} \tag{2.3}$$

式中，P_{ML}为主动配电网峰值负荷（非友好负荷）；P_L 为总体负荷；P_{fL}为友好负荷。

对于总体负荷，可直接采用先远后近的典型配电网负荷预测方法；对于友好负荷，在得到远景年总体负荷分布预测结果的基础上，结合远景年友好负荷指标，采用常用负荷预测模型，可得到规划区规划年友好负荷的总量预测及空间分布预测结果。具体预测流程如图 2-5 所示。

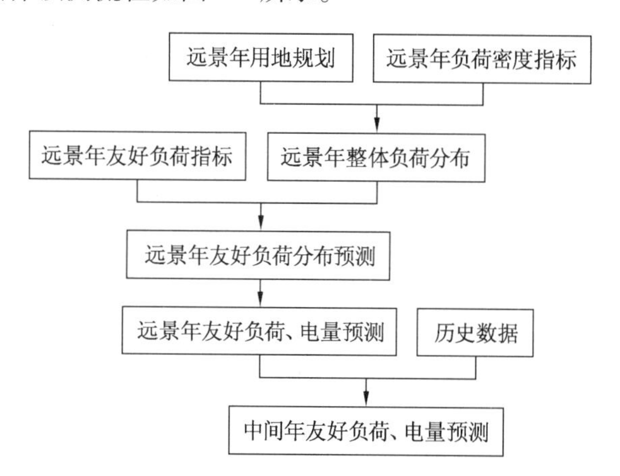

图 2-5　主动配电网友好负荷预测流程

远景年的友好负荷指标包括：① 可中断负荷预期总量（比例）和分布；② 电动汽车及换电站总量和分布，以及电动汽车分类比例；③ 可调负荷总量、分布及负荷响应系数μ。其中，可中断负荷指标可从负荷行业分类中签订可中断协议的发展预期得到；电动汽车指标可通过远景年电动汽车发展规划得到；可调负荷中的可控部分指标可依据实时电价发展规划，通过试点区域进行一定时期的试运行统计得到，或者参照国内外电价机制较完善的先进规划区借鉴获得。

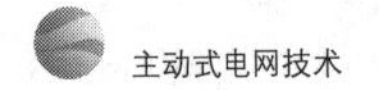

2.8 高密度水光互补型工业园区主动配电网

高密度水光互补型工业园区主动配电网建设将从双态数据整合池、“三位一体”主动规划、配电网优化调度控制、源网荷协调消纳方式、阳光服务交互平台和异构通信网6个方面着手，全面提高配电网主动规划、主动控制、主动管理、主动服务和主动响应能力。高密度水光互补型工业园区主动配电网建设思路框图如图2-6所示。

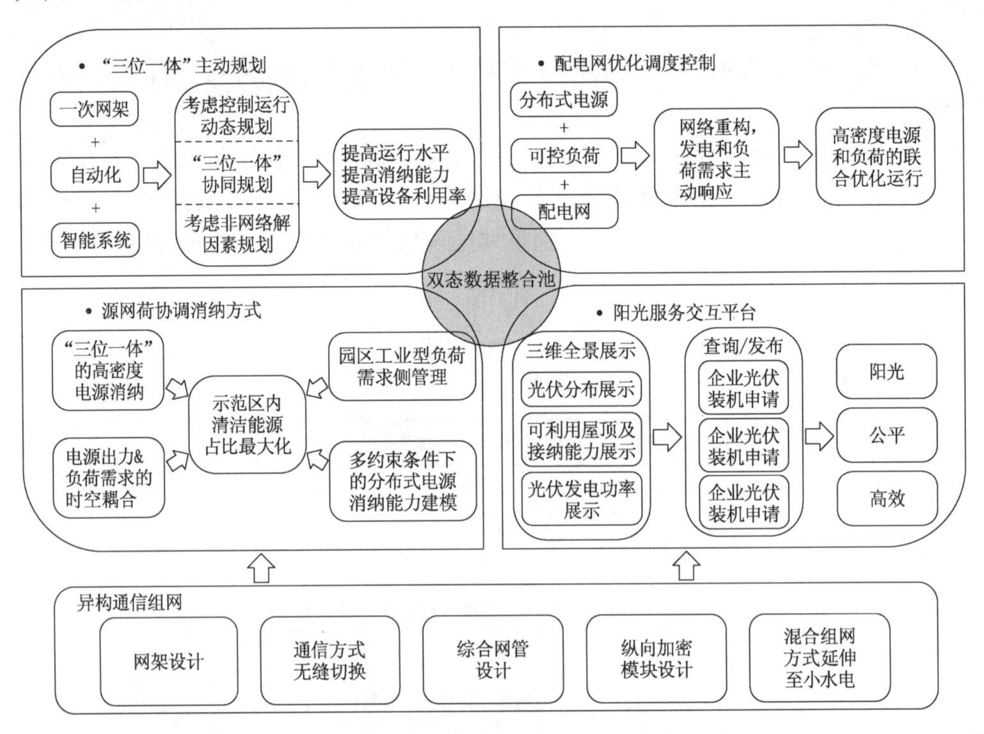

图2-6 高密度水光互补型工业园区主动配电网建设思路框图

高密度水光互补型工业园区主动配电网示范工程软件架构基本由主动规划、消纳分析、协调控制、服务平台四大应用模块和双态数据整合池构成。统一信息支撑平台硬件架构图如图2-7所示。

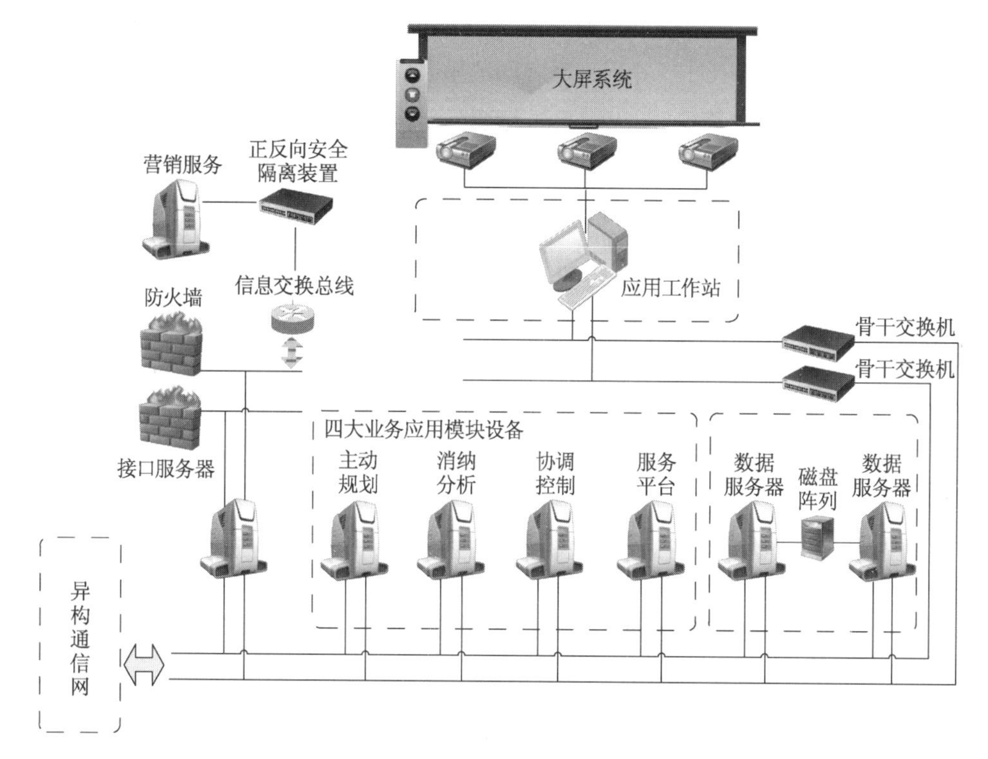

图 2-7 统一信息支撑平台硬件架构图

2.8.1 运行与规划双态数据整合池

信息共享、业务融合、流程互通的网源荷数据整合池，不仅包含电力设施布局、地区控制性详规、现状电网拓扑结构及实时运行等运行态数据，还将包括新能源及多元化负荷报装预测数据、电网规划项目等规划态信息，实现现状问题自动梳理、运行方案实时优化、规划态运行情况模拟、规划方案校核等功能，以透视现状问题解决情况和规划指标提升途径，满足精益管理的需要。

数据池的建立将为所有应用提供数据来源，应具有良好的顶层设计，具备以下功能：

（1）数据池整合发电、用电数据，并融合电网各专业数据，健全数据校核机制，实现信息共享、业务融合、流程互通。

（2）数据台账将细化至配变台区、开关等最小单元，实现配电网电力设施“台区—乡镇—区县—市辖—全省”的地理归属和“配变（开关）—线路—主变—变电站”的供电归属。

（3）在现状运行数据基础上，在数据池中还将叠加电源接入申请、用户业扩报装、负荷预测、规划项目清册等数据，生成规划态数据，模型规划态运行，建立现状数据、规划项目和规划指标之间的映射关系，透视地区现状问题解决情况和规划目标提升途径。

（4）具备“五自一体”功能，即指标自定义、表格自定义、图形元素自定义、大纲格式自定义、供电区域自定义和图模一体化功能，可自动生成所需指标和表格，减少人为因素导致的判断、统计或逻辑错误。

2.8.2 “三位一体”主动规划

“三位一体”的主动规划如下：一是以结构相对简单的110 kV、35 kV电网和高度互联、结构清晰的10 kV电网为目标，构建强健有序、结构清晰的一次网架；二是考虑负荷特性和光伏出力特性曲线在时间序列上的分布，及配电网对电压波动范围、故障处理能力、经济运行水平等方面要求的综合约束，在分布式电源和多元化负荷的接入点、线路分段联络开关设置和网架规划设计上考虑运行的动态变化，从源头提升分布式电源的消纳能力和促进网源的协调发展；三是在规划设计阶段充分考虑配电自动化、通信和配电管理系统对改善配网运行的作用，实现一次网架、二次自动化系统与功能强大的智能决策支持系统“三位一体”的协同规划，加强高级分析能力，提高电网运行水平；四是充分发挥分布式电源、多元化负荷对电网的支撑作用，平衡电网建设的经济性和供电可靠性之间的矛盾，在电网规划网络解的基础上探索分布式电源、多元化负荷、需求侧响应管理等方面非网络解的支撑能力，提高配电网设备利用率，减少对主网容量的需求。

充分考虑一次网架、二次自动化系统与功能强大的智能决策支持系统对改善配网运行的作用，采用主动规划理念，编制规划方案。规划时采用模块化规划设计方法，包括纵向组合和横向优化两个过程。纵向组合是基于典型供电模式的从低压到中压，再到高压的一个模块化选择过程；横向优化是对各电压层级、各供电区域的一个协调优化过程，并保证时间上的合理过渡。

在纵向组合中，通过大、中、小区不同的视角来研究主干线走向、分段联络开关位置、配变布点等电网构建的关键环节。在小区设计中，考虑分布式电源的出力曲线和用户负荷曲线的匹配，实现分布式能源在配变或线路段内的就地消纳；在中区设计中，考虑设置分段和联络开关，实现分布式能源线路内的就地消纳；在大区设计中，合理考虑变电站出线及供区的划分，实现变电站内的就地消纳。

2.8.3 配电网优化调度控制

配电网优化调度控制主要包括三个方面：一是开展电网可控负荷与分布式电源的协同交互控制，实现可控负荷与分布式电源运行状态相匹配的负荷电压柔性调节，充分利用用户侧可控资源的响应能力，平抑电源出力波动，提升电源与负荷之间的协调水平，实现区域分布式能源的充分消纳；二是充分利用水光互补出力、电动汽车、中央空调等多元化负荷的用电时间可平移特性，对电力平衡进行实时优化，当电网出现阻塞或运行不合理时，通过网络重构、发电和负荷需求主动响应等控制手段，实现消纳能力、网损、电压质量、供电可靠性最优的网络重构，既保证电网经济运行，又保证电网安全稳定运行；三是建立包括长期、中长期、短期、超短期、实时优化调度的配电网全局优化调度策略库，通过协调配电网规划、改造计划、检修计划、运行方式、设备运行状态、分布式电源出力和负荷的变化趋势，实现持续、安全、可靠、优质、经济运行的调度目标。

开展源网荷协调运行控制，增强主动配电网的全局可观可控能力，实现各发电单元与需求侧负荷高峰、低谷的实时平衡互补；实现多能源系统的联合优化运行，提高主动配电网的综合能源利用效率。

2.8.4 源网荷协调消纳方式

源网荷协调消纳方式主要包括五个方面：一是基于光伏发电的功率输出特性及其在时空上的分布情况，预测整个地区光伏发电特性，并结合开发区内负荷典型曲线和动态变化，研究高密度光伏的功率输出特性及其和负荷需求之间的时空耦合关系，为光伏就地消纳提供规划指引；二是充分利用小水电调峰、网络重构、电压调节负荷及需求侧响应等手段来平抑光伏发电的随机性、波动性，研究水光互补、电网能效提升和负荷响应“三位一体”的高密度光伏消纳方案；三是建立以最大化配电网对小容量高密度分散电源接纳为目标的数学模型，从点（配变）、线（主干线）、面（整个规划区）三个方面给出接纳能力的置信区间；四是加强园区中央空调、电动汽车等用电时间可平移负荷的主动管理，在电网供电受限情况下移峰填谷，提高分布式电源消纳能力和电网设备利用效率；五是利用园区工业型负荷对需求侧响应灵敏的特点，推动政府制定更为灵活的峰谷电价、阶梯电价，让客户积极参加需求侧响应。

2.8.5 异构通信组网

异构通信组网方式如下：一是针对主动配电网的数据传输机制分层建设异构通信网架，按照汇聚层和接入层两层架构构建主动配电网通信网架。汇聚层通过以太网交换机上联至地调 SDH 网络。汇聚层包括 OLT 设备和无线专网基站。园区内以 EPON 技术的光纤通信方式为主，光纤无法到达的区域设置 LTE4G 无线专网基站两座。配置电力专网和园区电力设施物联网的通用接口，实现园区电力设施物联网与电力专网无阻碍地信息交互，确保主动配电网各节点之间的数据传输和信息交互。二是针对主动配电网的数据类型特点，设计适合园区内的电力设施物联网与配网专用异构通信网的纵向安全认证机制，研发适应主动配电网异构通信网元的纵向认证模块。三是开发适用于主动配电网异构通信组网的综合通信网管系统，该系统能有效实时地监控异构通信网各网元的通信状态，并对整个异构通信网的可靠性实时评估；四是采用互备方式保证主动配电网中重要站点的通信可靠性，重要站点除了采用光纤通信方式或 4G 无线专网，还将无线公网作为备用第二通道，实现故障时通信方式的无缝切换；五是针对小水电及一些偏远地区配网节点光纤或无线网络难以覆盖等问题，采用光纤通信 + 电力线载波混合异构方式组网。

2.8.6　阳光互动服务平台

建立分布式电源并网管理服务互动平台。政府可通过该平台发布分布式电源可并网资源及相关政策，并在线调研已并网项目规模和运行情况；光伏企业可通过平台发布并网申请，并在线了解已并网项目的出力能效及对比情况；电网企业通过平台发布并网项目所处的处理流程阶段，并在线了解项目申请情况，提前准备接入方案设计。通过阳光互动服务平台的建设，开创分布式电源发展新机制，体现电网企业对分布式电源接入的开放、公平和高效。

阳光互动服务平台，旨在规范光伏并网发电项目的申报、审批、调试及运行管理，为电网公司、政府等相关单位做好对光伏并网发电提供监管手段，同时为光伏企业提供更优质的并网服务。

阳光互动服务平台主要包括以下三个功能模块：

（1）三维全景展示。它包括光伏分布展示、可利用工业企业屋顶展示和光伏发电功率曲线展示。结合 GIS 系统，发布发电侧、用户侧地理位置布局信息图，使需求者可实时查看发、用电分布区域图，了解每个分布式电源点的光板面积、装机容量、发电能力和每个用户的负荷情况，掌握每条线路的消纳能力，并以多元化图形进行展示，为需求者掌握区域化供需情况提供直观依据。

（2）信息发布及查询。该平台可为电网企业发布接入系统、项目建设进展公示，可用来公布政府项目信息和项目审批结果；实时更新发布分布式电源接入、业扩报装等业务工作流程，帮助需求者掌握业务的最新进展，并提前做好本环节的前期工作，缩短单位流程时间，提高业务办理效率。

（3）主动规划。它包括规划校核和规划自适应调整。根据业主提交的分布式电源接入、业扩报装等需求，在平台上进行规划态的供需平衡主动校核。校核通过则发布；校核不通过，则根据实际情况进行自适应调整，并提供给需求者作为参考依据。

2.9　主动配电网规划中的气象防灾

随着近几年气象知识的普及与气象科技的应用，社会各行业充分认识到气象灾害造成的影响之大，带来的直接和间接经济损失之高。气象数据在相关领域应用极广，特别是在关系国计民生的农业、水利、电力、安全生产等方面更能突显气象数据及其分析的重要性。

“社会发展，电力先行”已经成为共识，一个国家经济发展水平与电能的使用成正比增长。然而，电网的建设和运行受外界环境的影响较大，受气象条件的影响尤为显著。气象条件是电网规划设计的主要依据，它的真实性和客观性直接影响着工程建设的经济性与电网运行的安全性，并经受工程长期安全运行的考验。因此，为降低和避免气象灾害对电力设施的破坏，电网公司先后出台了多项意见和措施，要求今后在电网规划和建设过程中，利用科技手段研究自然灾害规律，提升电网设施的抗灾害能力，保障电网的安全运行，使自然灾害造成的损失最小化，以期实现电网防灾减灾“预防为主，综合治理，损失最小，恢复最快”的基本要求。

2.9.1　气象相关的规划设计基础工作

2.9.1.1　加强电网的气象勘测，做好气象分区

如果没有准确、翔实的气象勘测资料，规划设计人员就无法准确判断气象因素对重要电网设施的影响程度和电网规划方案的优劣，以至于影响规划方案的比选、优化等工作。因此，电网工程气象勘测资料是电网规划评估与方案优化的基础性资料之一，也是电网气象灾害防灾减灾规划设计中最关键的环节。此外，近年全球气候的变化，尤其是大风、覆冰气象条件和雷暴气象灾害等变化，使得现有的标准气象分区图已不能准确反映许多地区气象条件的现状。因此，加强电网气象勘测工作的同时，有必要合理利用勘测资料对原有气象分区进行修订和细化，为指导新建输电线路和设计电源点提供可靠依据。

2.9.1.2　推进适应气象变化的电网设计标准

科学统一的电力技术标准和规范是电力建设和安全运行的重要基础。目前，我国现行的输电线路建设标准是基于一定时期的国家经济状况、电网发展阶段及

对电力重要性的认识而制定的。随着国民经济和人民生活对电力依赖程度的提高及气候变化的新情况，需要充分考虑气象条件对电网的影响，适度调整电网设计标准。

例如，2010 年，我国在新颁布的输电线路设计规范《110 kV ~ 750 kV 架空输电线路设计规范》中，就根据 2008 年初我国南方地区覆冰灾害情况的分析结果修改、增加了多项规范，以使输电线路更好地应对恶劣的天气状况。例如，对输电线路基本覆冰划分为轻、中、重三个等级，采用不同设计标准；对重要输电线路提高设防标准；地线设计冰厚应较导线增加不小于 5 mm；为防止或减少重要线路冰闪事故的发生，需采取增加绝缘子串和采用 V 型串、八字串等措施。

2.9.2 气象相关的发电环节规划设计

2.9.2.1 电源综合选址分析

电源规划的任务是确定在何时、何地兴建何种类型和何种规模的发电厂，在满足负荷需求和达到各种技术经济指标的条件下，使规划期内电力系统安全运行且投资经济合理。电厂选址要考虑的指标主要包括：电网结构、电力和热力负荷、燃料供应、水源、交通、燃料及设备大件的运输、贮灰场、出线走廊、地质、地震、地形、水文、气象、环境影响等。在这些指标中，不仅有与电力系统相关的信息，还有大量的地理空间信息，它们比较分散，没有规律可循，仅与当地的地理位置有关，气象信息正是其中之一。对此，可采用 GIS 对地理空间信息进行统一处理，对整个区域范围内的地形地貌、地质条件、厂址标高、出线走廊、水源、气象条件等进行统计分析，综合判断电厂选址可行区域。

2.9.2.2 风能资源评估及风电场选址

风电场开发涉及开发地点的选择、风力机组的选型等问题。这不仅关乎风电场建设的工程造价，而且会影响风电场建成投产后风电场运营的发电量和运营成本，从而影响上网电价。所以在风力发电厂的设计和建设中，设计者应该考虑风电场的建设成本、经济效益等多方面问题。

风力发电场的选址和建设有其自身的特点，这是不同于传统的水力发电和火力发电的。首先，风力发电场的选址应该在风能资源较为丰富的地区，可通过对已知的数据进行风能资源评估得出。然后收集该地的气象资料及地理地质资料，甄选出比较具有实际价值的数据，比如能反映该地长期（一般为 30 年以上）以来的气候数据的平均值和最大最小值、平均风速、最大阵风风速、地形地貌、平均气压和气温等。最后对整理出来的数据进行初步分析，按照表 2-1 的风能划分标准及表 2-2 的风功率等级标准，初步判断该地是否具有风能开发价值。一般来说，只要不为风能资源贫乏区，就可以进一步对该地进行风能资源评估。良好的风能资源是建设优秀风力发电场的首要前提，是不容忽视的重要工作。

表 2-1　我国风能分区

风能分区	年有效风能密度/（$W \cdot m^{-2}$）	风速在 3～20 m/s 的年小时数/h
丰富区	>200	>5000
较丰富区	200～150	5000～4000
可利用区	150～50	4000～2000
贫乏区	<50	<2000

表 2-2　10 m 高度风功率密度等级

风功率密度等级	年有效风能密度/（$W \cdot m^{-2}$）	年平均风速参考值/（$m \cdot s^{-1}$）	应用并网发电
1	<100	4.4	较差
2	100～150	5.1	一般
3	150～200	5.6	较好
4	200～250	6.0	好
5	250～300	6.4	很好
6	300～400	7.0	很好
7	400～1000	9.4	很好

接下来是风力发电机机型的选择。风力机组的实际输出功率既与风力机自身的设计参数有关，又与安装地点的风能资源状况相关。对于已经选定的待开发点，根据该地点的风能资源特点选择与之最佳匹配的风力发电机机型，将会决定风力发电场的经济效益和运营成本。在进行风力机组选型时，容量、运行特性及造价的不同都是影响风力发电场建设成本和经济性的重要因素。

2.9.3　气象相关的输电环节规划设计

2.9.3.1　输电设计时的气象条件规范

（1）设计气象条件应根据沿线气象资料的数理统计结果及附近已有线路的运行情况确定，当沿线的气象条件与表 2-3 中的典型气象区接近时，宜采用典型气象区所列数值。基本风速、设计冰厚重现期应符合下列规定：

① 750 kV、500 kV 输电线路及其大跨越重现期应取 50 年。

② 110～330 kV 输电线路及其大跨越重现期应取 30 年。

表 2-3　输电设计时典型气象区

气象区		Ⅰ	Ⅱ	Ⅲ	Ⅳ	Ⅴ	Ⅵ	Ⅶ	Ⅷ	Ⅸ
大气温度/℃	最高	+40								
	最低	−5	−10	−10	−20	−10	−20	−40	−20	−20
	覆冰	−5								
	基本风速	+10	+10	−5	−5	+10	−5	−5	−5	−5
	安装	0	0	−5	−10	−5	−10	−15	−10	−10
	雷电过电压	+15								
	操作过电压	+20	+15	+15	+10	+15	+10	−5	+10	+10
风速/（m·s^{-1}）	基本风速	31.5	27.0	23.5	23.5	27.0	23.5	27.0	27.0	27.0
	覆冰	10							15	
	安装	10								
	雷电过电压	15	10							
	操作过电压	0.5×基本风速折算至导线平均高度处的风速（不低于 15 m/s）								
覆冰厚度/mm		0	5	5	5	10	10	10	15	20
冰的密度/（g·cm^{-3}）		0.9								

注：一般情况下覆冰同时风速 10 m/s，当有可靠资料表明需加大风速时可取 15 m/s

（2）确定基本风速时，应按当地气象台（站）10 min 时距平均的年最大风速为样本，并宜采用极值 I 型分布作为概率模型，统计风速的高度应符合下列规定：

① 110～750 kV 输电线路统计风速应取离地面 10 m。

② 各级电压大跨越统计风速应取离历年大风季节平均最低水位 10 m。

（3）山区输电线路宜采用统计分析和对比观测等方法，由邻近地区气象台（站）的气象资料推算山区的基本风速，并应结合实际运行经验确定。当无可靠资料时，宜将附近平原地区的统计值提高 10%。

（4）110～330 kV 输电线路的基本风速不宜低于 23.5 m/s；500～750 kV 输电线路的基本风速不宜低于 27 m/s。必要时还宜按稀有风速条件进行验算。

（5）轻冰区宜按无冰 5 mm 或 10 mm 覆冰厚度设计，中冰区宜按 15 mm 或 20 mm 覆冰厚度设计，重冰区宜按 20 mm，30 mm，40 mm，50 mm 等覆冰厚度设计，必要时还宜按稀有覆冰条件进行验算。

（6）除无冰区段外，地线设计冰厚应较导线冰厚增加 5 mm。

（7）设计时应加强对沿线已建线路设计、运行情况的调查，并考虑微地形、微气象条件和导线易舞动地区的影响。

（8）大跨越基本风速，当无可靠资料时，宜将附近陆上输电线路的风速统计值换算到跨越处历年大风季节平均最低水位以上 10 m 处，并增加 10%，考虑水面影响再增加 10% 后选用。大跨越基本风速不应低于相连接的陆上输电线路的基本风速。

（9）大跨越设计冰厚，除无冰区段外，宜较附近一般输电线路的设计冰厚增加 5 mm。

（10）设计用年平均气温应按下列规定取值：

① 当地区年平均气温在 3 ~ 17 ℃时，宜取与年平均气温值邻近的 5 的倍数值。

② 当地区年平均气温小于 3 ℃和大于 17 ℃时，分别按年平均气温值减少 3 ℃和 5 ℃后，取与此数邻近的 5 的倍数值。

（11）安装工况风速应采用 10 m/s，覆冰厚度应采用无冰，同时气温应按下列规定取值：

① 最低气温为 −40 ℃的地区，宜采用 −15 ℃。

② 最低气温为 −20 ℃的地区，宜采用 −10 ℃。

③ 最低气温为 −10 ℃的地区，宜采用 −5 ℃。

④ 最低气温为 −5 ℃的地区，宜采用 0 ℃。

2.9.3.2　输电走廊的优化选取

不同的线路路径方案，由于地理位置及外界气象条件等因素不同，所遭遇的自然灾害也不尽相同。部分地区输电走廊大多被迫绕开平原而从崇山峻岭间通过，自然环境恶劣，大风、覆冰、滑坡等自然灾害对线路、杆塔的影响愈加严重。由于在崇山峻岭间的线路断线、倒塔情况往往更加严重，同时，山区线路的道路状况不佳，抢修条件恶劣，也给线路和杆塔的修复带来许多意想不到的困难。因此，今后在选择架空输电线路铺设路径时，在条件允许的情况下要尽量避开自然灾害严重的地段，如高海拔区、风道、湖泊等容易产生灾害的地带；架空线路翻越山区时，要减少大挡距、高落差情况的出现，减小架空线路的转角度。然而，为了支持地方经济发展、节约用地，有些输电线路是无法完全避开自然灾害区的，则应在设计时充分考虑线路走廊的地形、气象等条件，保证足够的抗灾强度，以免出现机械和电气故障。

2.9.3.3　考虑气象环境的输电线路截面选择

输电线路的导线截面，除根据经济电流密度选择外，还要在电晕、无线电干扰等条件下进行校验。在某些情况下，还要在电力系统非正常运行情况下校验导线的允许载流量，尤其是大跨越的导线，其截面宜按允许载流量选择。

导线载流量与导线所处的气象条件（环境温度、风速、日照强度）有关，其计算公式很多，虽然各有不同但计算原理都是由导线的热平衡分析推导而来。目前比较有代表性的导线载流量计算公式是英国的摩尔根公式，其考虑影响载流量因素较全面，且有一定的实践基础，但该公式计算过程复杂，可在特定条件下对其进行简化以缩短运算过程，适应在线实时计算。当雷诺系数为 100 ~ 3000 时，可用于直径 4.2 ~ 100 mm 的导线载流量计算的摩尔根公式为

$$I_t = \sqrt{\frac{9.92\theta(vD)^{0.485} + \pi\sigma Dk_e[(273 + t_0 + \theta)^4 - (273 + t_0)^4] - rDS}{k_t R_{dt}}} \tag{2.4}$$

式中，I_t—导线当前温度下的载流量，A；

θ—导线载流时温升，℃；

v—风速，m/s；

D—导线外径，m；

σ—斯蒂芬 - 鲍尔茨曼常数，5.67×10^{-8} W/m^2；

k_e—导线表面的辐射系数，光亮新导线取值 0.23 ~ 0.46，发黑旧导线取值 0.90 ~ 0.95；

t_0—环境温度，℃；

r—导线表面吸热系数，光亮新导线取值 0.23 ~ 0.46，发黑旧导线取值 0.90 ~ 0.95；

S—日照强度，W/m^2；

k_t—导线温度为 $\theta + t_0$ 时的交直流电阻比；

R_{dt}—导线温度为 $\theta + t_0$ 时单位长度的直流电阻，Ω/m（可按下式进行计算）。

$$R_{dt} = R_{20}[1 + \alpha(t_0 + \theta - 20)] \tag{2.5}$$

式中，R_{20} 为 20 ℃时导线的直流电阻，Ω；α 为温度系数，1/ ℃。

我国现行标准中导线载流量的计算就是采用的公式（2.5）。在计算导线载流量时，应使导线不超过某一温度，目的在于使导线在长期运行或在事故条件下，由于导线的温升，不至于影响导线强度，以保证导线的使用寿命。根据我国规定，验算导线允许载流量时，导线允许温度宜按如下规定取值：① 钢芯铝绞线和钢芯铝合金绞线宜采用 70 ℃，必要时可采用 80 ℃，大跨越宜取 90 ℃；② 钢芯铝包钢绞线和铝包钢绞线可采用 80 ℃，大跨越可采用 100 ℃，或按经验决定；③ 镀锌钢绞线可采用 125 ℃。其中，环境气温宜采用最热月平均最高温度，风速应采用 0.5 m/s（大跨越 0.6 m/s），太阳能辐射功率密度采用 0.1 W/cm^2。

2.9.3.4 推进电网的差异化设计

对冰冻灾害、台风灾害等一些小概率、大范围的自然灾害而言，其破坏能力大大超过了现有电网设防标准，但如果大幅提高全网的抗灾能力，其经济代价过高。因此，除根据气象、地形条件采取不同的设计标准外，还应根据线路在系统中所处的重要性不同，有差异地提高重要线路设计标准，这也是国外电网防范大范围灾害的经验。目前，我国具有代表性的相关规定是 2008 年国家电网公司提出的《差异化规划设计指导意见》，其基本思路和原则的提出，旨在提高电网抵御自然灾害的能力，提升电网运行的安全水平，保障国家的经济安全。与发达国家电网防御重大自然灾害的设防标准相比，我国电力设施的设防标准较低，在极端天气条件下难以保证电网安全、稳定运行。由于不同线路在电网工程中所处的地位是有差别的，其在面临自然灾害时所需要拥有的抗灾能力也不同，因此，国家电网公司决定在普遍提高设计标准的基础上，对不同线路、不同区段进行差异化设计，确定一批抵御严重自然灾害能力更强的重要线路，提高其设防标准。另外，以往电网规划中往往采取“N－1”校核原则，而在今后电网规划设计中，重要的供电区域可考虑按“N－2”准则进行校核。经差异化设计后，在面临重大自然灾害时，由重要线路组成的网架及最小骨干网架能够保证电网安全、稳定运行。

2.9.4 气象相关的配电环节规划设计

2.9.4.1 配电设计时的气象条件规范

（1）配电线路设计所采用的气象条件，应根据当地的气象资料和附近已有线路的运行经验确定。如当地气象资料与表 2-4 的典型气象区接近，宜采用典型气象区所列数值。

表 2-4 配电设计时典型气象区

气象区		Ⅰ	Ⅱ	Ⅲ	Ⅳ	Ⅴ	Ⅵ	Ⅶ	Ⅷ	Ⅸ
大气温度/℃	最高	+40								
	最低	－5	－10	－10	－20	－10	－20	－40	－20	－20
	覆冰	－5								
	最大风速	+10	+10	－5	－5	+10	－5	－5	－5	－5
	安装	0	0	－5	－10	－5	－10	－15	－10	－10
	雷电过电压	+15								
	操作过电压	+20	+15	+15	+10	+15	+10	－5	+10	+10

续表

<table>
<tr><th colspan="2">气象区</th><th>Ⅰ</th><th>Ⅱ</th><th>Ⅲ</th><th>Ⅳ</th><th>Ⅴ</th><th>Ⅵ</th><th>Ⅶ</th><th>Ⅷ</th><th>Ⅸ</th></tr>
<tr><td rowspan="5">风速/（m·s⁻¹）</td><td>最大风速</td><td>35</td><td>30</td><td>25</td><td>25</td><td>30</td><td>25</td><td>30</td><td>30</td><td>30</td></tr>
<tr><td>覆冰</td><td colspan="7">10</td><td colspan="2">15</td></tr>
<tr><td>安装</td><td colspan="9">10</td></tr>
<tr><td>雷电过电压</td><td>15</td><td colspan="8">10</td></tr>
<tr><td>操作过电压</td><td colspan="9">0.5×最大风速（不低于 15 m/s）</td></tr>
<tr><td colspan="2">覆冰厚度/mm</td><td>0</td><td>5</td><td>5</td><td>5</td><td>10</td><td>10</td><td>10</td><td>15</td><td>20</td></tr>
<tr><td colspan="2">冰的密度/（g·cm⁻³）</td><td colspan="9">0.9</td></tr>
</table>

注：一般情况下覆冰同时风速 10 m/s，当有可靠资料表明需加大风速时可取 15 m/s

（2）配电线路的最大设计风速值，应采用离地面 10 m 高处，10 年一遇 10 min 平均最大值。如无可靠资料，在空旷平坦地区不应小于 25 m/s，在山区宜采用刚近平坦地区风速的 1.1 倍且不应小于 25 m/s。

（3）配电线路通过市区或森林等地区，如两侧屏蔽物的平均高度大于杆塔高度的 2/3，其最大设计风速宜比当地最大设计风速降低 20%。

（4）配电线路邻近城市高层建筑周围，其迎风地段风速值应较其他地段适当提高。如无可靠资料时，一般应按附近平地风速提高 20%。

（5）配电线路设计采用的年平均气温应按下列方法确定：

① 当地区的年平均气温在 3～17 ℃时，年平均气温应取与此数较接近的 5 的倍数值。

② 当地区的年平均气温小于 3 ℃或大于 17 ℃时，应将年平均气温减少 3～5 ℃后，取与此数接近的 5 的倍数值。

（6）配电线路设计采用导线的覆冰厚度，应根据附近已有线路运行经验确定，导线覆冰厚度宜取 5 mm 的倍数。

2.9.4.2　变配电所的所址选择

在选择变配电所所址时，除了要考虑接近负荷中心、配电距离短、设备运输方便等经济性因素外，还需结合周围环境综合判定：

（1）变配电所周围环境宜无明显污秽，具有适宜的地质、地形和地貌条件，例如避开断层、滑坡、塌陷区、溶洞地带、山区风口和有危岩或易发生泥石流的场所。所址宜避免选在有重要文物或开采后对变电所有影响的矿藏地点；所址标高宜在 50 年一遇高水位之上，否则应有可靠的防洪措施；应考虑职工生活上的方便和水源条件；应考虑变电所与周围环境、邻近设施的相互影响。

（2）防水防洪：变配电所不应设在厕所、浴室、厨房或其他经常积水场所的正下方，且不宜与上述场所贴邻，相邻隔墙应做无渗漏、无结露等防水处理；配变电所为独立建筑物时，不宜设在地势低洼或可能积水的场所。高层建筑地下层配变电所的位置，宜选择在通风、散热条件较好的场所。配变电所位于高层建筑（或其他地下建筑）的地下室时，不宜设在最底层，且应根据环境要求加设机械通风、去湿设备或空气调节设备。当地下仅有一层时，应采用适当抬高该所地面等防水措施，并应避免洪水或积水从其他渠道淹渍配变电所的可能性。

（3）防火：装有可燃性油浸变压器的变配所，不应设在耐火等级为三、四级的建筑中。在无特殊防火要求的多层建筑中，装有可燃性油的电气设备的配电所可设置在底层靠外墙部位，但不应设在人员密集场所的上方、下方、贴邻或疏散出口的两旁，并应按现行国家标准《高层民用建筑设计防火规范》的有关规定采取相应的防火措施。高层建筑的配变电所宜设置在地下层或首层，设在地下室时不宜用可燃油式变压器。当建筑物高度超过 100 m 时，也可在高层区的避难层或设备层内设置变电所。

（4）防震防爆：变配电所不应设在有剧烈振动或有爆炸危险介质的场所。

（5）防污：变配电所不宜设在多尘、有水雾或有腐蚀性气体的场所。当无法远离时，不应设在污染源的下风侧。

第3章 主动式电网运行技术

3.1 引言

在全球气候变化的大背景下，一些区域性的洪涝、高温、干旱、台风、雨雪冰冻等极端气候事件日益增多。联合国政府间气候变化委员会（IPCC）在2012年发布了题为《适应气候变化的极端事件和气象灾害风险管理》的报告。报告指出，在过去的15年中许多国家可能遭受过极端天气事件，一些区域性的恶劣天气、极端气候事件的强度和发生频率有增强的趋势，特别是极端风灾和冰灾。中国的东部位于东亚季风区，是世界上受气象灾害影响最严重的地区之一。中国的气象灾害呈现出灾害类型多、灾害强度大、发生频率高、危害程度重等特点，且具有年际和区域群发性特征的极端天气事件正在增多。

电网多年运行经验表明，架空输电线路等输变电设备长期暴露于大气环境之中，易受气象灾害如雷暴、冰灾、风灾、地质灾害等的袭击而发生故障。电网能否安全可靠运行与外部气象条件有密切关系。国际大电网会议（CIGRE）的相关工作组报告指出，恶劣天气事件导致的杆塔结构和电气失效是影响架空输电线路安全运行的最主要原因。中国电力可靠性管理中心的统计数据也显示，自然灾害、气象因素是造成中国电网架空输电线路非计划停运的主要原因，2008年的冰灾导致电网大面积停电，而在2011年自然灾害、气象因素导致的220～500 kV架空输电线路非计划停运占非计划停运总次数的84.36%。大风、雷电、冰灾等极端气象灾害在短时间内会造成多条输电线路故障，加上电网潮流转移诱发继电保护装置不正确动作，会加速线路连锁跳闸，甚至引发大面积停电事故。据统计，随着电网规模的不断扩大、灾害性天气发生密度和强度的逐年上升，2009—2013年全球范围内因气象原因造成的电网故障事件中，影响规模超过10万人次的就多达28次，占电网大面积停电事故总量的56%。

中国的能源分布有很强的地域性特点，能源富裕，中心往往远离电力负荷中心，对超高压、特高压跨区输电的需求迅猛增加，在“一带一路”“能源互联网”背景下，长距离输电线路日益增多，复杂气象环境影响下的输电安全问题愈发突出。如何认识和掌握气象对电网的影响规律，如何减轻气象灾害对电网的威胁，从而保障电网安全可靠运行，这是电力系统亟须解决的关键问题之一。气象灾害预警、风险防控相关理论及技术已成为电气工程领域的长期研究热点。

在电力系统发展过程中，我国已经积累了丰富的气象安全保障技术。从微观作用机理入手，研究了不同的气象环境对输变电设备的电气绝缘、结构应力、磨损老化等的影响。例如，通过人工模拟气候室或野外观测站，研究不同的环境温度、相对湿度、风速、气压、大气污染物等对导线覆冰增长、冰闪、污闪等故障的作用机理，取得了大量的研究成果。有研究表明，外部气象条件的变化必然影响着每一个个体，受动力学支配的单个客体的行为只能在一定范围内偏离总的方向，且它们在总体上仍表现出统计的必然性。因此，从宏观统计的角度出发，研究并掌握气象因素对输电线路的作用规律也是十分必要的。

关于通过认识气象的宏观作用规律来采取相关防范措施方面，目前主要是在架空输电线路规划设计时，根据沿线地区收集的气象资料进行统计分析并结合附近已投运线路的运行经验，按“多少年一遇”的标准来考虑风速、覆冰厚度、气温和雷电等气象因素。例如，按照中国现行国家标准 GB 50545 – 2010《110 kV ~ 750 kV 架空输电线路设计规范》和 GB 50665 – 2011《1000 kV 架空输电线路设计规范》，110 ~ 220 kV 线路的气象条件重现期一般为 30 年，500 ~ 750 kV 线路的气象条件重现期一般为 50 年，1000 kV 线路的气象条件重现期为 100 年，其中设计基本风速是根据重现期内收集到的年最大风速，按照极值 I 型分布的概率模型，以及同冰荷载等气象条件组合来计算和校核结构荷载、最大风偏角等。按“多少年一遇”的标准进行设计的观点，其缺陷是将极端气候事件视作统计学意义上的小概率事件，而在线路设计与校核时被忽略掉，如 IPCC 预估的那样，未来极端气候发生的频率和强度将明显增加，50 年一遇甚至 100 年一遇的气象灾害发生和影响的区域将会增多，对这种高风险、小概率事件也应该予以充分的认识和妥善的应对。长距离输电走廊经过一些特殊地形和微气象区域在所难免，这种差异化的设计是否被充分考虑到，对线路投运后的性能也有很大影响。输电线路设计时考虑的气象条件是按历史情况，而建成投运后的线路面临的气象环境是变化的，恶劣气象条件也会对输电线路造成累积效应，例如温度、日照的逐渐累积和不可逆过程导致线路绝缘劣化，阵风的反复作用导致金具磨损等，当累积效应达到一定程度后，可能不是极端的气象条件也会造成线路故障。因此，以往基于静态、设备级的安全防护理论与技术还不能完全满足电力系统安全运行的需要，仍需要研究在线、动态风险的辨识及防控手段，完善电力系统整体风险防控体系。

随着气象科学、信息技术的发展，天气监测、气象探测、资料同化分析、天气预报、灾害预警等领域的研究与应用取得了长足进步，中国已经初步建成包括气象监测、中尺度分析、临近预报（0～2 h）、短时预报（0～12 h）、短期预报（0～72 h）、中期预报（3～10 d）、延伸期预报（10～30 d）等无缝衔接的天气预报业务体系，通过模式预报、集合预报输出的数值天气预报，在短期的基本气象要素预报、临近的突发性中小尺度灾害性天气，以及重大天气过程的监测预警预报能力和预报准确率等方面有了大幅提升，可供电力系统人员利用的气象预报的数据种类和内容在不断丰富，数据密度和质量也在不断提高。

因此，准确认识气象因素对输电线路作用的规律，充分利用气象预报特别是精细化气象预报数据做好架空输电线路的在线故障预测与风险预警，已经成为电网规划设计、调度运行、运维检修和应急抢险等工作所亟须的支撑手段。

本章重点研究气象灾害作用下输电线路故障风险分析方法和预警模型，以构建精细化的输电线路气象风险分析和预警理论体系为目标，进一步深化对气象条件导致输电线路故障的规律认识，提出有针对性的风险预警与防控方法。通过构建输电线路气象风险规律的描述方法，帮助电力系统实现差异化设计，完善可靠性评价模型，以及开展输电线路精细化运维管理。通过构建输电线路气象风险预测预警的模型和方法，帮助电力系统运行和调度部门提前感知线路运行风险，做好有针对性的降风险运行措施，防范大面积停电事故，提高电力系统安全运行水平。

3.2 电网面临的主要气象灾害

气象又称大气现象，是大气的物理现象和物理过程的总称。天气是某一时间、某一区域的大气状况，由温度、湿度、风速、气压、降水量、日照等基本气象要素表征。气候则是对某一地区的气象要素的平均值、方差、极值概率等进行长期统计的天气状况的综合表现。

气象灾害是指大气环境对人类的生命财产、生产生活、国防建设等造成的直接或间接的损害。气象灾害一般包括天气、气候灾害和气象次生、衍生灾害。天气、气候灾害是指因台风（风暴）、暴雨、雷电、大风、冰雹、沙尘、龙卷、大雾、高温、低温、连阴雨、冻雨、霜冻、结（积）冰、寒潮、干旱、干热风、热浪、洪涝、积涝等因素直接造成的灾害。气象次生、衍生灾害是指因气象因素引起的山洪、滑坡、泥石流、山火、雾霾等灾害。

电网多年的运行经验表明，影响电网中输电线路及其附属设施的主要气象灾害包括：雷电、冰灾（冻雨）、风灾（强风、台风、飑线风）、山火、地质灾害等。

3.2.1　雷电

雷电是伴有雷声和闪电的局部性强对流性天气，通常与大风、强降水和冰雹等相伴发生。雷电作为一种自然灾害，一直对人类的生命财产构成威胁，它位列联合国制定的国际减灾防灾规划中10项自然灾害的第9项，虽不及水灾、旱灾、台风等灾害那样造成大规模的生命伤亡和经济损失，但雷电的危害在全球范围内普遍存在，且不容忽视，特别是在电网运行中更是会造成很大影响甚至巨大损失。

雷电放电过程涉及大气活动、地貌地形、土壤质地等众多自然因素，具有很大的随机性，所以表征雷电特性的诸多参数都带有统计学特征。电力系统雷电防护中应关注的雷电特征参数主要包括：雷电的波形和极性，雷电流的幅值、波头、波长和陡度，雷电放电的持续时间，雷电日和雷电小时数，以及地面落雷密度等。

雷电对电网的危害分为直击（包括绕击与反击）、感应、侵入等几类。雷击造成的雷电过电压具有陡度高、幅值大的特点，对电网中变压器等绝缘薄弱的设备构成的危害最大，也会危及户外架空输电线路以及变电站内的断路器、隔离开关、互感器这些设备的绝缘瓷瓶，雷电侵入波还会危害户内的电气设备。雷电除了会损害设备而造成直接损失，还会使线路跳闸造成供电中断甚至大面积停电，从而可能带来更大的间接损失。

3.2.2　冰灾

导线覆冰是引起输电线路故障的主要气象灾害，尤其是高山地区的线路。输电线路覆冰会增大线路和杆塔的荷载，增大导线的受风面积，很容易诱发不稳定的驰振，常导致跳头、扭转、舞动、冰闪跳闸甚至断线、倒塔等恶性事故。冰灾导致的电网大面积停电事件在各国均有发生。例如：1998年1月，加拿大出现了持续一周的冰冻灾害天气，高压输电线上的最大覆冰直径达到75 mm，造成高压输电网的116条线路损毁和1300座铁塔倒塌；同时还造成配电网350条配电线损坏，16000根电杆倒塌。此次冰灾导致大约100万用户供电中断，影响到加拿大10%的人口的正常生活。

中国最近十几年同样发生了几次冰灾导致的重大电网安全事故。2005年2月，华中地区的冻雨灾害引起大面积的输电线路覆冰，造成华中电网500 kV线路倒塌24基，220 kV线路倒塌18基，其他电压等级的线路同样受到不同程度的损坏。最严重的一次是2008年的极端冰灾，该年1月南方14个省区遭遇了历史罕见的持续冻雨、冰雪极端恶劣天气的袭击，造成西南的川、渝、贵，华中的豫、鄂、湘等省市的输电线路大范围结冰，造成大量输电设施故障，华中电网遭受毁灭性打击。据不完全统计，冰灾最严重的时候导致3座500 kV变电站全停，38条500 kV线路强迫停运，222基500 kV的铁塔倒塌。冰灾最严重的湖南、江西两省500 kV电网基本瘫痪，故障停运的500 kV线路分别为18条和13条，故障停运的220 kV线路分别达到77条和30条。

同时，在冰风暴的作用下输电线路容易发生覆冰舞动，中国是输电线路舞动频发的国家之一，存在一条从东北的吉林到中部的河南再到湖南的舞动频发地带。在冬季特殊的低温、高湿、毛毛雨等气象条件下，加上平原开阔地或垭口的阵风，造成这一区域内的输电线路很容易发生覆冰舞动。根据运行经验，东北的辽宁、中部的河南、湖北是中国覆冰舞动最严重的地区。例如，2008—2012年间，河南电网共发生7次导线舞动事故（单次舞动事故涉及一个时间段的多个地区和多条线路），其中有4次是大范围的导线舞动，对河南电网的安全运行造成重大影响。

3.2.3 风灾

另一种对输电线路安全危害极大的气象灾害就是风灾。全球多地的输电线路都面临着强风灾害的威胁，而中国又是遭受风灾最严重的地区之一。电网的统计数据显示，风灾对输电线路安全运行的影响表现为两方面：一方面是大风导致输电杆塔损坏，如吹掉导线、吹断横担，甚至吹倒杆塔；另一方面是大风时对导线造成影响，如导线振动、风偏放电等。

例如，2005年6月强风导致江苏泗阳500 kV 5237线发生倒塌事故，接连吹倒10基铁塔，还导致附近的500 kV 5238线故障跳闸，两条重要的500 kV输电通道同时停运，引发华东电网大范围停电，严重影响华东电网的安全运行。

在强风或飑线风的作用下，绝缘子串向杆塔方向倾斜，减小了导线与塔身的空气间隙；当空气间隙距离不能满足绝缘强度要求时就会发生风偏放电，造成线路跳闸。与雷电等其他气象灾害引起的跳闸相比，只要风力不减弱，风偏放电会持续反复发生，因此风偏放电引起线路跳闸后重合闸成功率较低，严重影响输电网的安全运行。例如，中国广东沿海某220 kV输电线路在2012年12月29—30日内共发生了17次风偏放电跳闸；新疆电网某220 kV线路在2013年3月8日发生了6次风偏放电跳闸。

另一种形式的风灾就是台风。中国是遭受台风影响最严重的地区之一，平均每年登陆中国的台风多达六七次。对电网而言，台风轻则造成线路剧烈摆动而对杆塔放电；重则严重损毁电力设施，使得恢复供电时间大大延迟。例如，2012年7月24日,受台风“韦森特”影响，深圳岭深乙线发生了4次跳闸；2012年10月24—26日，飓风“桑迪”袭击了古巴、多米尼加、牙买加、巴哈马、海地等地，导致大量财产损失和人员伤亡，之后于 10 月 29 日晚在美国新泽西州登陆，给当地电网造成重创，灾害最严重时导致 800 多万人受到断电影响。

3.2.4　山火

近年来随着山区水电资源的不断开发，水电外送通道大都翻山越岭且多穿越森林覆盖区域。这些区域因其独特的地形条件和气候因素很容易发生山林火灾，从而导致架空输电线路故障跳闸。

山火造成的线路故障对电网安全运行的影响极大，主要表现在以下两方面：① 因山区地势原因，同一送电通道的两回或多回线路常同塔架设，一旦发生山火，可能造成同一送电通道的多回线路同时跳闸，导致大量电能不能送出，影响电网安全稳定；② 由于山火烟雾导致的闪络跳闸重合闸成功率较低，需要等到火势得到控制、烟雾散开之后才能强送，因此线路强迫停运时间较长。

关于山火引发线路故障的机理，一般认为是山火发生后，熊熊燃烧的大火产生的热气流会向上窜动，一些导电物质也会跟随热气流往上运动，而热游离的气流在上升过程中会逐渐去游离，在导线和大地之间产生大量的电荷，导致导线与大地之间或者各相之间的空气间隙不满足工频电压闪络的最小距离要求，造成空气间隙击穿，引起线路闪络跳闸。

在中国，因山火造成线路故障跳闸的报道屡见不鲜，湖南电网 2009 年 2 月和4 月发生了 13 次因山火引发的线路跳闸事故，其中 500 kV 线路跳闸 5 次，220 kV 线路跳闸 8 次。2009—2012 年，云南省遭受持续三年的干旱灾害，频繁发生的山火灾害严重威胁到云南电网输电线路的安全运行，主要输电通道周边发现火情 230 余次，山火导致 220 kV 及以上线路故障跳闸 156 条次，特别是 2012 年 3 月 30 日500 kV 宝七Ⅰ、Ⅱ回线因山火引发跳闸，构成三级电力安全事件。

3.2.5　地质灾害

地质灾害的类型可以分为滑坡、泥石流、塌陷、沉降、地震等。长距离送电通道的超、特高压输电线路经常会翻越崇山峻岭，跨越大江大河，地形地貌差异、地质构造差异、水文地质差异、气候特征差异等特点决定了电力线路工程地质灾害风险分析与评估的特殊性。此外，地震发生时常给区域电网造成严重破坏，同时导致震区多条输电线路跳闸，甚至永久性损坏输电设施，严重时还可能导致大电网解列运行。地震引起的输电线路损坏形式有绝缘子掉串、线路断线、杆塔倒塌等。地震也容易造成区域性供电中断，引起厂站设备损坏甚至导致厂站全停，引起通信故障甚至通信瘫痪，还可能影响到能量管理系统（EMS）的正常运行。

3.2.6 其他恶劣天气

对电网生产可能造成影响的其他恶劣天气包括冰雹、高温、霜冻等。冰雹常伴随雷暴、大风等一起发生，可能砸坏户外电气设备；冰雹和大风共同作用砸倒树木，也可能会挂断线路。高温对电网的影响，一是造成用电负荷猛增，使得电网容量不能满足尖峰负荷需求；二是高温不利于线路散热，加之电流增大使线路发热增加，进而引起导线弧垂增大，加速线路老化，影响线路寿命，甚至有可能因为弧垂过大而造成线路跳闸。霜冻主要会造成输电线路及绝缘子串覆冰。

3.3 输电线路时变故障率计算

3.3.1 输电线路故障事件时间相依特性分析

气象学方面的文献指出：气候系统的变化特征具有自记忆特性，极端气候事件序列在不同的时间标度上有相似的统计特性，表现出长程相关性，亦即具有时间周期性。以天文角度划分四季的方法，适用于中国长江、黄河沿线及其之间的中部地区。这些地区气候特征四季分明，气象灾害同样有明显的季节特性，区域内的输电线路受气象灾害冲击影响，线路强迫停运也普遍具有冬夏多、春秋少的双峰特性。

例如，对中国中部某省电网多年数据进行统计分析，如图 3-1 所示。从图中可见，输电线路发生故障的峰值月份出现在 1 月和 7 月，谷值月份出现在 5 月和 10 月,故障的时间分布具有明显的“峰—谷—峰—谷”特性。进一步，结合当地的气候特点分析，该电网故障主要受冬季覆冰、舞动、污闪和夏季强对流天气导致的雷击、风害影响，在春秋季节也有一些鸟害和山火。其中输电线冰害主要出现在每年的 1、2、3 月，舞动跳闸事故主要发生在每年的 1、2、11 月，雷击跳闸事故集中出现在每年的 6、7、8 月，鸟害发生的时间相对集中在 3—4 月的鸟儿筑巢期及 11 月候鸟迁徙季节，大风灾害或风偏跳闸则大多出现在 4—6 月。

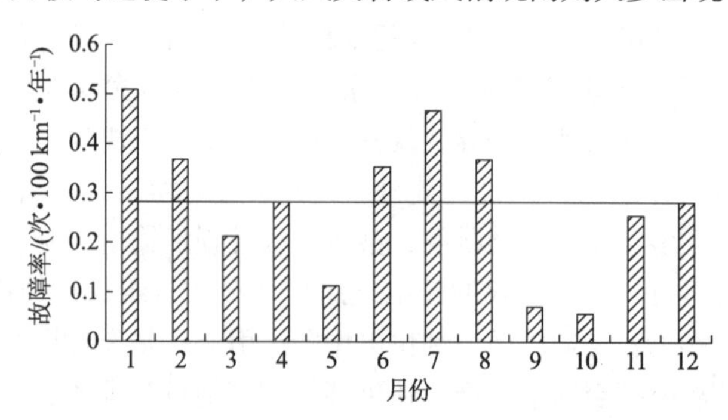

图 3-1 2012 年 8 月全球重大灾害性天气气候事件分布图

而对于中国南方沿海地处低纬度的南亚热带季风气候区域，四季划分采用的是气候学标准。例如，南方沿海某地区的气候特征见表3-1。

表3-1　中国南方沿海某地区四季划分表

季节	历史平均开始时间	历史平均结束时间	持续天数/天
春	2月6日	4月20日	76
夏	4月21日	11月2日	196
秋	11月3日	1月12日	69
冬	1月13日	2月5日	24

南方沿海地区的气候特征呈现出明显的长夏短冬的特点，输电线路主要受长夏中的雷电、台风、大风、暴雨影响，而冬季很短且无冰，导线不受覆冰和舞动影响，因此故障时间分布呈平缓单峰特性。

此外，可能还有一些地区因其特殊的地理气候环境，输电线路故障率的时间分布既不具备双峰周期特性也不具备单峰特性，而是呈现出一些特殊的分布规律。

由此可见，气象敏感输电线路故障率是随时间变化的，且不同地区由于其地理气候和输电网络布局的差异，也具有不同的故障率时间分布特性。因此，如果能按历史同期时间（如历史同期的月）统计出线路的故障率，并通过数学拟合得到故障率随时间变化的函数描述，就能模拟得到任意时段的故障率，由此可计算任意时段的电网风险水平，可更准确地反映输电系统的时变风险规律。

3.3.2　按历史同期时间计算线路故障率

不同季节、不同月份电网面临的气象灾害因素不同，在各个月份的风险水平起伏较大。尽管气象灾害导致的线路故障频率在年度或月度间有差异，但多年中历史同期的月份气象灾害导致的线路故障分布却基本不变。按历史同期月份计算输电线路故障率的方法如下：

根据故障率的定义：

$$\lambda = \frac{\text{故障次数}}{\text{暴露时间}} \tag{3.1}$$

则单条输电线路历史同期月故障率可以表示为

$$\lambda_k(m) = \frac{\sum_{y} n_{kym}}{YT_m L_k} \times 100,\ m = 1,2,\cdots,12 \tag{3.2}$$

式中，$\lambda_k(m)$表示线路k在历史同期的第m月的故障率，次/(100 km·月)；n_{kym}

为线路 k 在第 y 年的第 m 月的故障次数；T_m 表示第 m 月的时间；Y 为统计的总年数；L_k 表示线路 k 的长度，km。

式（3.2）亦可用于计算相同气象条件下同一电压等级的多条线路的历史同期各月故障率，即

$$\lambda(m) = \frac{\sum_k [\lambda_k(m) \cdot L_k]}{\sum_k L_k} \tag{3.3}$$

式中，$\lambda(m)$表示同一电压等级线路在历史同期的第 m 月的故障率，次/(100 km·月)。

使用各月故障率的有名值来描述时间分布规律特征时，由于不同地域电网的差异，虽然分布曲线形状相似，但是参数值可能变化很大，因此，使用规范化的故障率函数来反映故障率的逐月时间分布特征。故障率规范化计算公式为

$$f(m) = \frac{\lambda(m)}{\lambda_{ave}} = \frac{\lambda(m)}{12\lambda'_{ave}},\ m = 1, 2, \cdots, 12 \tag{3.4}$$

式中，$\lambda(m)$为历史同期第 m 月的输电线路故障率，次/月；λ_{ave}为多年平均值故障率，次/(100 km·年)；λ'_{ave}为平均值故障率，次/(100 km·月)；$f(m)$为历史同期各月故障率的规范化分布函数。

3.4 输电线路时变故障率模拟

3.4.1 输电线路时变故障率分布函数假设

中国长江沿线到黄河沿线之间的中部地区具有四季分明的气候特点，输电线路故障逐月时间分布通常具有“峰—谷—峰—谷”的特性。由于可以通过调节周期系数来改变峰谷周期，调节均值系数、幅值系数来改变峰谷值，而傅立叶函数能很好地适应多峰周期性曲线的拟合，因此，可假设输电线路的故障时间分布为一次基波傅立叶函数。

一次基波傅立叶函数的表达式为

$$f(m) = a + b\cos\omega m + c\sin\omega m \tag{3.5}$$

式中，a，b，c，ω 为拟合待定系数；m 为月份。

对于平缓单峰分布特征的地区，使用一次基波傅立叶函数需要拟合 4 个参数。而高斯和威布尔函数分别只需 3 个和 2 个参数就能较好地模拟平缓单峰曲线，因此进一步假设这类地区输电线路故障率的逐月时间分布为高斯或威布尔函数。

高斯函数的表达式为

$$f(m) = A \cdot \exp\left[-\left(\frac{m-B}{C}\right)^2 \right] \tag{3.6}$$

式中，A，B，C 为拟合待定系数。

威布尔函数的表达式为

$$f(m) = \frac{\beta}{\alpha}\left(\frac{m}{\alpha}\right)^{\beta-1} \exp\left[-\left(\frac{m}{\alpha}\right)^{\beta} \right] \tag{3.7}$$

式中，α 为待定尺度参数，β 为待定形状参数。

3.4.2　具有多峰周期特性的时变故障率函数拟合

以中国中部某省电网 2001—2011 年 10 年间与气象环境相关的 236 次 220 kV 线路故障事件为样本，采用上述傅立叶函数表示的故障率逐月时间分布假设，进行函数参数拟合。

模拟函数参数拟合的结果见表 3-2，拟合曲线如图 3-2 所示。拟合优度：判定系数 $R^2 = 0.7123$，均方根误差 $RMSE = 0.02754$。

表 3-2　具有多峰周期特性故障率的傅立叶函数拟合结果

系数	拟合值	拟合值的 95% 置信区间
a	0.08203	(0.06257, 0.10150)
b	0.01417	(−0.04719, 0.07554)
c	0.04761	(0.01757, 0.07765)
ω	1.07900	(0.91170, 1.24600)

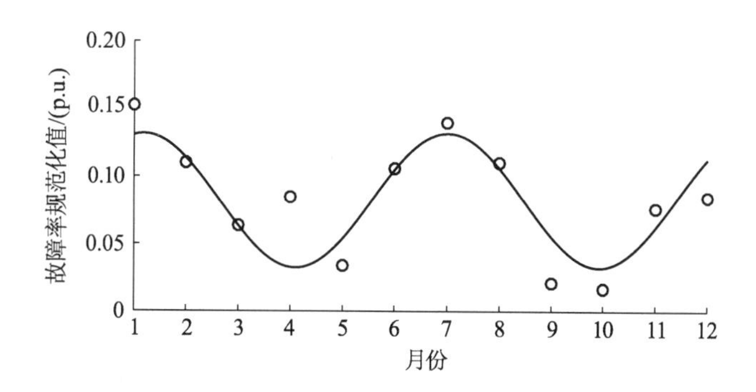

图 3-2　具有多峰周期特性故障率的傅立叶函数拟合曲线

3.4.3　具有单峰周期特性的时变故障率函数拟合

对于故障率时间分布呈平缓单峰特性的地区，以中国南方某沿海电网的

2007—2013 年间与气象环境相关的 162 次 220 kV 输电线路故障事件为样本，分别采用傅立叶函数、高斯函数、威布尔函数进行模拟函数的参数拟合对比，拟合结果见表 3-3，拟合曲线如图 3-3 所示。结果显示，威布尔函数的拟合优度最佳。

表 3-3　南方某地 220 kV 输电线路故障率逐月分布拟合结果

拟合函数	参数拟合值	拟合优度
傅立叶	$a=0.1020$，$b=-0.0057$，$c=-0.1054$，$\omega=0.6619$	$R^2=0.8578$，$RMSE=0.0379$
高斯	$A=0.2316$，$B=7.206$，$C=2.314$	$R^2=0.8926$，$RMSE=0.0311$
威布尔	$\alpha=7.693$，$\beta=4.877$	$R^2=0.9120$，$RMSE=0.0267$

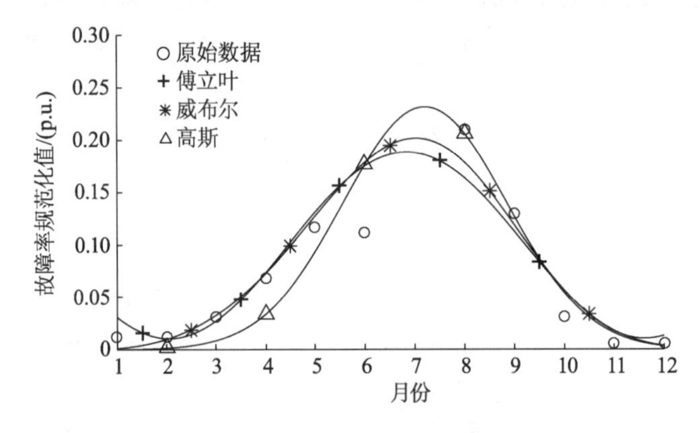

图 3-3　南方某地 220 kV 输电线路故障率逐月分布拟合曲线

更进一步，对于其他电压等级的输电线路，前面提出的故障率逐月分布函数假设是否具有同样的效果？为此，仍然以南方某沿海电网 2007—2013 年间与气象环境相关的 569 次 110 kV 输电线路故障事件为样本，进行对比函数拟合检验。拟合结果见表 3-3，拟合曲线如图 3-4 所示。

表 3-3　南方某地 110 kV 输电线路故障率逐月分布拟合结果

拟合函数	参数拟合值	拟合优度
傅立叶	$a=0.0994$，$b=-0.0196$，$c=-0.0868$，$\omega=0.6569$	$R^2=0.9273$，$RMSE=0.0222$
高斯	$A=0.195$，$B=6.904$，$C=2.804$	$R^2=0.9288$，$RMSE=0.0207$
威布尔	$\alpha=9.544$，$\beta=3.996$	$R^2=0.9389$，$RMSE=0.0182$

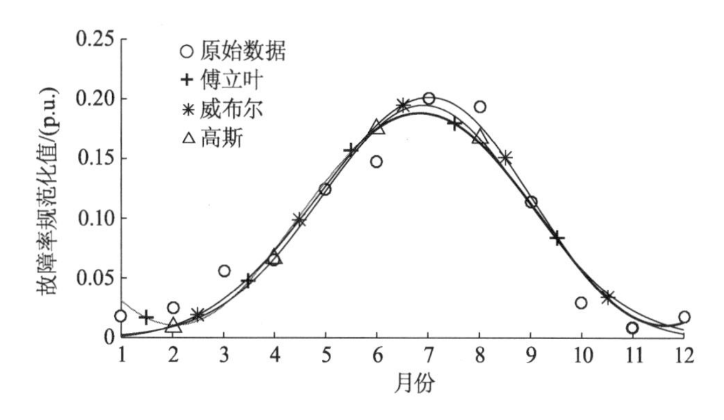

图 3-4　南方某地 110 kV 输电线路故障率逐月分布拟合曲线

从上面两例可以看出：

（1）通过改变均值系数 a，幅值系数 b、c 和周期系数 ω，傅立叶函数能适应峰谷交替和单峰特性的故障率时间分布曲线拟合，方便实用，可推广性强。

（2）使用傅立叶函数、威布尔函数、高斯函数均能很好地模拟单峰特性的故障率时间分布曲线。威布尔函数虽然表达式复杂，但只需通过改变形状参数与尺度参数就可以获得更好的拟合优度。

（3）南方沿海地区不同电压等级的输电线路，其故障率逐月分布呈现明显相似的单峰特性，单峰峰值均出现在 7 月，模拟结果参数相近；同时，由于 110 kV 输电线路的故障样本数更多，因此拟合结果也更好。

在对某地区的某一电压等级的输电线路进行时变故障率分布函数拟合时，历史故障记录数据越多，越能准确反映时间分布规律。输电线路故障事件受极端气候事件的影响，也同样具有显著的周期特征，因此在模拟季节性周期特征时，应该把极端气候事件的周期性波动特征反映进去，即故障事件的时间跨度应大于一个以上的极端气候事件周期。以笔者的经验来看，一般用最近 5 ~ 10 年的数据就能很好地拟合出分布规律。拟合优度作为拟合曲线对观测值的拟合程度的度量，受到故障样本数量和所选的拟合函数的影响。因此，需要在保证一定数量的故障样本的前提下，通过对历史样本数据的故障时间进行统计，得到故障时间分布的柱状图；然后从柱状图上判断故障时间的分布特性，以便选择适当的数学函数进行拟合检验；最后确定拟合效果最好的函数。

因此，在实际运用中可以根据模拟的准确度需要，选择表达式简单的 4 参数一次基波傅立叶函数，或者表达式复杂的 2 参数威布尔函数。

3.5 输电线路强迫停运时间分布特征模拟

前面分析和模拟了输电线路故障率逐月分布函数。而气象灾害冲击作用下输电线路的强迫停运时间反映了恶劣气象环境因素对故障线路修复能力的影响，同样需要使用概率密度分布函数进行刻画。

在电网概率风险评估中，描述元件故障前工作时间和故障后修复时间的概率分布主要有指数分布、威布尔分布、伽马分布、正态分布、对数正态分布等。其中，故障前工作时间分布模型主要是输电线路整个寿命周期内的结构老化模型，对于气象灾害的冲击作用而导致的短期强迫失效不具有适用性。

3.5.1 描述强迫停运时间的常用概率分布函数

对于输电线路强迫停运时间，描述其概率密度函数分布的主要有指数分布、威布尔分布、伽马分布、对数正态分布等。

（1）指数分布的表达式为

$$f(t|\mu)=\frac{1}{\mu}\exp\left(-\frac{t}{\mu}\right) \tag{3.8}$$

式中，t 表示停运时间；μ 表示均值，其方差为 μ^2。

（2）威布尔分布的表达式为

$$f(t|\alpha,\beta)=\frac{\beta}{\alpha}\left(\frac{t}{\alpha}\right)^{\beta-1}\exp\left[-\left(\frac{t}{\alpha}\right)^{\beta}\right] \tag{3.9}$$

式中，α 为尺度参数；β 为形状参数。

（3）伽马分布的表达式为

$$f(t|\gamma,\kappa)=\frac{1}{\kappa^{\gamma}\Gamma(\gamma)}t^{\gamma-1}\exp\left(-\frac{t}{\kappa}\right) \tag{3.10}$$

式中,γ 为形状参数;κ 为尺度参数;$\Gamma(\cdot)$为伽马函数,即

$$\Gamma(x)=\int_0^{\infty}t^{x-1}\mathrm{e}^{-t}\mathrm{d}t \tag{3.11}$$

（4）对数正态分布的表达式为

$$f(t|\nu,\sigma)=\frac{1}{x\sigma\sqrt{2\pi}}\exp\left[-\frac{(\ln t-\nu)^2}{2\sigma^2}\right] \tag{3.12}$$

式中，ν 表示对数均值；σ 表示对数标准差。

3.5.2 气象相关的线路强迫停运时间概率分布拟合

以上几种常用的停运时间概率密度函数中，对于受气象灾害影响而导致强迫

停运的输电线路，其停运时间分布使用哪种更为合适？以中国南方沿海某地区电网2007—2013年间110～220 kV电网由于气象原因造成的134次输电线强迫停运事件为样本，对输电线路停运时间概率密度分布函数进行拟合检验。

样本停运时间序列的统计均值为8.1207 h，方差为51.6451。分布拟合采用极大似然估计法，拟合检验采用0.01显著性水平的χ^2检验法。概率密度函数的分布拟合结果及检验结果见表3-4，拟合曲线如图3-5所示。

表3-4　四种概率密度函数拟合结果

分布类型	参数估计	极大似然估计值	χ^2检验
指数分布	$\mu=8.1208$	$\ln L=-414.65$ $Mean=8.1208$ $Var=65.9465$	接受
威布尔分布	$\alpha=8.3842$ $\beta=1.08723$	$\ln L=-413.94$ $Mean=8.1217$ $Var=55.9088$	接受
伽马分布	$\gamma=1.1381$ $\kappa=7.1352$	$\ln L=-413.97$ $Mean=8.1208$ $Var=57.9433$	接受
对数正态分布	$\nu=1.59462$ $\sigma=1.12746$	$\ln L=-419.39$ $Mean=9.3018$ $Var=221.9330$	接受

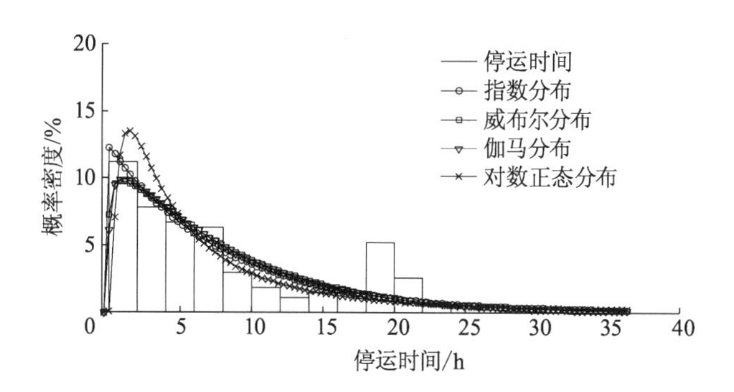

图3-5　四种概率密度函数描述效果比较

表3-4中的$\ln L$表示对数极大似然估计值，*Mean*表示拟合函数的均值，*Var*表示拟合函数的方差。从表3-4可见：对数正态分布拟合的均值9.3018和方差221.9330均与样本均值8.1208和样本方差51.6451差别较大，虽然在样本较多时通过了检验，但其参数估计值却最差（$\ln L$值最小）。由于威布尔分布和伽马分布可以通过调节形状参数或尺度参数来反映概率密度曲线的变化，因此使用威

布尔分布或伽马分布均能较好地拟合输电线路停运时间的概率密度函数。同时，指数分布由于只有一个均值参数μ，当样本方差接近μ^2时，亦可很好地模拟输电线路停运时间的概率密度函数，但如果样本方差同指数模拟的方差μ^2差别较大，那么拟合优度也会较差。

由于样本参数的统计均值为8.1207 h，这与2010年、2011年中国220 kV线路因气象环境相关的平均停运时间分别为8.0452 h、13.2107 h是吻合的。由于指数分布只需估计参数的均值，因此在缺乏大量详细样本信息时，可以通过查阅各地报往电力可靠性管理中心的数据，使用指数分布描述输电线路停运时间概率分布。

3.6 基于输电线路时变故障率函数的风险分析

下面应用输电线路时变故障率模拟函数，以RBTS为对象评估其风险水平并与已有的几种典型方法进行对比，验证输电线路时变故障率模拟函数的应用效果。

3.6.1 应用时变故障率评估电网时变风险

将气象灾害导致输电线路故障的整体效果描述为气象灾害作用下的输电线路故障率随时间变化的函数，采用故障率分布函数求取输电线路时变故障率，这样能更好地分析输电线路故障率随时间变化特征对系统风险的影响。

以月为时间尺度，输电线路第m月的故障率为

$$\lambda(m)=\lambda_{\text{ave}}\cdot f(m)=\lambda'_{\text{ave}}\cdot 12\cdot f(m),\ m=1,2,\cdots,12 \tag{3.13}$$

式中，$\lambda(m)$为输电线路历史同期第m月的故障率，次/月；λ_{ave}为多年平均值故障率，次/(100 km·年)；λ'_{ave}为平均值故障率，次/(100 km·月)；$f(m)$为各月故障率分布函数。

输电线路的可靠性模型用两状态马尔科夫过程表示，即可用状态和不可用状态。相应的一个月内出现不可用状态的概率为

$$P_{\text{down}}=\frac{\lambda(m)}{\lambda(m)+\mu}=\frac{f\cdot MTTR}{30\times 24}=\frac{\lambda(m)\cdot MTTR}{720} \tag{3.14}$$

式中，$\lambda(m)$为第m月的故障率，次/月；μ为修复率，次/月；$MTTR$为平均修复时间，h；f为失效频率，次/月。由于失效频率f和平均修复时间r的数值很小，此处使用故障率λ代替失效频率f。

本章仍然采用失负荷概率（*LOLP*）、期望缺供电力（*EDNS*）和期望缺供电量（*EENS*）来表征系统的风险指标。计及输电线路故障率时间分布特性的输电

网风险评估流程如图 3-6 所示。

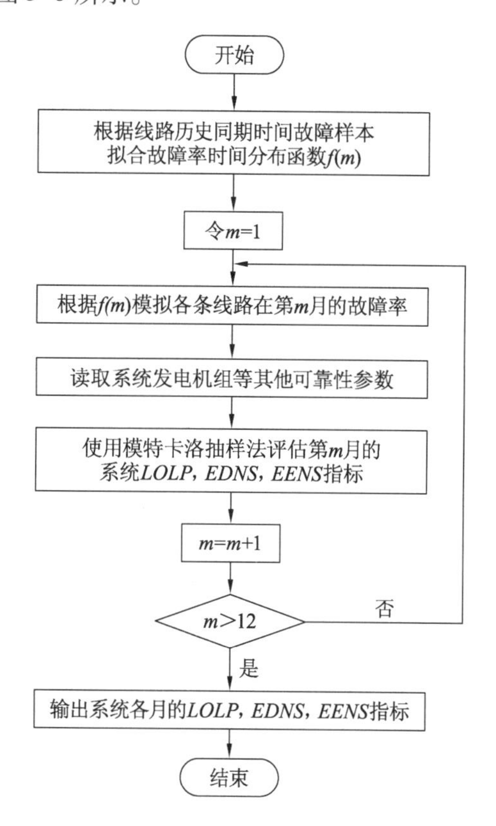

图 3-6　计及输电线路故障率时间分布特性的输电网风险评估流程图

与其他方法相比，本方法的主要改进之处体现在考虑气象因素的影响时，将季节性周期变化的气象灾害作用导致输电线路故障率也是时变的这一主要特征，处理成使用函数拟合得到输电线路时变故障率，用以评估电网风险水平随时间变化的规律。这样既考虑了气象因素的作用，又考虑了故障率随时间变化的特点，能够更准确地反映电网风险水平的时变特征。

3.6.2　算例测试与结果分析

将本章提出的输电线路时变故障率模拟函数用于 IEEE-RBTS 系统运行风险评估。RBTS 的电网单线图如图 3-7 所示。

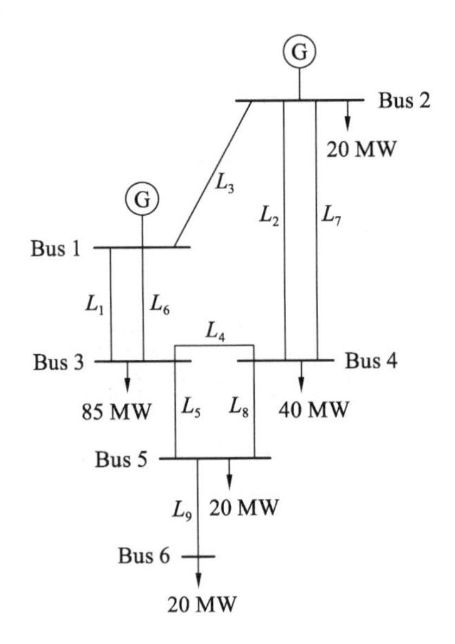

图 3-7 IEEE-RBTS 测试系统单线图

3.6.2.1 测试系统线路故障率改造

Case A：不考虑气象变化的影响，线路故障率采用年均值故障率。

Case B：线路故障率均采用两态天气模型，其中恶劣天气占总天气的比例 U 为0.018，恶劣天气下发生的故障占总故障次数的比例 F 为0.4。

Case C：线路故障率均采用傅立叶函数模拟的双峰曲线计算，参数取值使用表3-2 中的函数拟合结果，即 $a=0.08203$，$b=0.01417$，$c=0.04761$，$\omega=1.0790$，用以表征线路故障率随时间多峰周期变化的地区（如中国中部地区）的情况。

Case D：线路故障率均采用威布尔函数模拟的单峰曲线计算，参数取值使用表3-3 中的函数拟合结果，即 $\alpha=7.693$，$\beta=4.877$，用以表征线路故障率随时间单峰变化的地区（如中国南方沿海地区）的情况。

此例中采用蒙特卡洛模拟方法评估系统的风险指标，其中风险评估程序中潮流计算采用直流潮流模型，系统解列状态采用深度优先搜索算法进行判断，负荷削减模型采用最优削减模型，设定的收敛精度 $\varepsilon<0.001$ 或抽样10万次。

此外，传统评估方法使用的负荷参数为年峰值负荷，评估的结果是年度化的指标。为了更好地与传统评估方法得出的结果进行对比，同样使用年峰值负荷计算年度化风险指标。

3.6.2.2 评估结果及分析

采用不同故障率模型时，*LOLP* 和 *EDNS* 指标曲线分别如图3-8 和图3-9 所示。

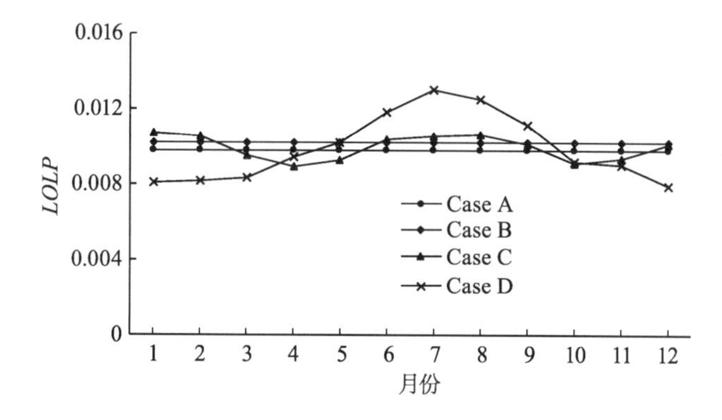

图3-8　采用不同故障率模型时 *LOLP* 随时间变化的曲线

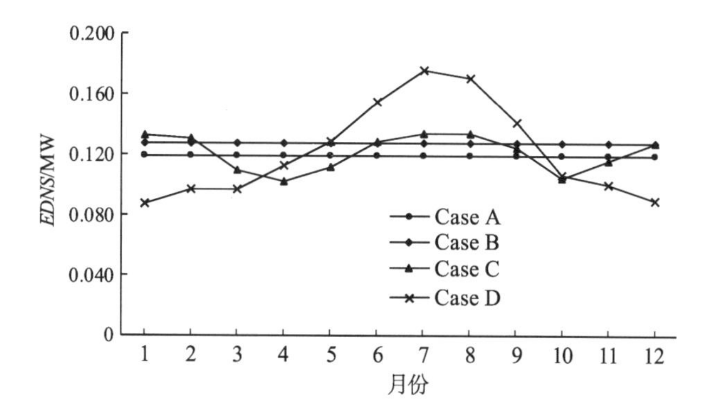

图3-9　采用不同故障率模型时 *EDNS* 随时间变化的曲线

从图中可以看出，考虑线路的故障率时间分布特征后，在故障率高的月份（如Case C的1月、7月，Case D的6—9月），系统的*LOLP*和*EDNS*指标均比不考虑气象因素（Case A）或采用两态天气模型（Case B）要高，而在故障率低的月份（如Case C的4月、10月，Case D的1—3月和10—12月），系统的*LOLP*和*EDNS*指标均比不考虑气象因素（Case A）或采用两态天气模型（Case B）要低。

线路故障越集中的季节，如Case D的6—9月，系统的运行风险将比不考虑气象因素或采用两态天气模型高很多，如7月时Case D的*LOLP*和*EDNS*比不考虑气象情况下分别高32.8%和48.1%，比采用两态天气模型时分别高28.2%和38.8%。

采用两态天气模型时，恶劣天气下线路故障次数占总故障次数的比例*F*和恶劣天气出现的概率*U*对风险评估结果有很大影响，但要准确地确定*F*和*U*的数值却很困难。然而，在输电线路故障事件记录中，故障时间是很容易查找的，因此，用时间相依的故障率进行系统风险评估，更能反映系统风险变化情况。

表3-5列出了采用不同故障率模型时的年度化 *EENS* 指标，以 Case A 为基准，计算了采用不同故障率模型时的指标变化情况。

表3-5 采用不同故障率模型时的年度化 *EENS* 指标对比

Case	A	B	C	D
EENS/MW/h	1027.84	1096.71	1047.05	1052.15
变化百分比	0.0%	6.7%	1.9%	2.4%

从表3-5中可以看出，考虑故障率的时间分布特征时，*EENS* 指标并不像 *EDNS* 指标那样显著变化，这是因为 *EDNS* 随时间波动变化，与年均值情况相比有高有低，而 *EENS* 是各月 *EDNS* 与该月时间的乘积之和，故不会显著变化。这与实际运行经验也是相符的。

3.7 输电线路风偏放电概率预测与风险预警

3.7.1 风偏放电机理与风偏角计算模型

3.7.1.1 风偏放电机理及判据

线路发生风偏放电跳闸的根本原因是强风等恶劣天气条件引起导线与塔身之间的空气间隙变小，当空气间隙的绝缘强度不能耐受工频运行电压时就会发生击穿放电。空气间隙的绝缘强度可以通过允许的最小空气间隙距离 L 表示，L 对应于悬垂绝缘子串在风偏状态下允许的最大风偏角 θ_{max}。当实际风偏角 θ 超过允许的最大风偏角 θ_{max} 时，空气间隙的绝缘强度将得不到满足，就可能发生风偏放电跳闸。

在进行线路和杆塔设计时，通过设计基本风速计算风偏角，使用最大风偏角对应的工频电压下的间隙圆确定杆塔横担尺寸。例如，对于220 kV 输电线路，中国现行的设计标准是采用离地10 m、30年一遇、10 min时距的平均最大风速，同时不低于23.5 m/s的风速作为设计基本风速。由于绘制间隙圆时留有一定的裕度，同时可能存在过电压问题（如外部雷电过电压、暂时性工频电压升高等），因此，当计算风偏角达到允许的最大风偏角 θ_{max} 时放电与否具有概率随机性。当预报的风力等级接近设计基本风速时，用预报风速和设计风速做比较，或者用预测风偏角和允许的最大风偏角做比较，得出发生或不发生风偏放电的确定性判断并不准确。

由于悬垂绝缘子串风偏角与其所受的侧向风速呈正相关，即风向越垂直于线路走向、风速越大，风偏角越大，风偏放电的可能性也越大。因此，已知气象预报的风参数时，可以在线预测悬垂绝缘子串的风偏角并校核其是否超过允许的最大风偏角，以及超过允许的最大风偏角的概率，据此建立输电线路风偏放电预警的概率判据，即

$$P_{\mathrm{WSD}}=P(\theta>\theta_{\max})\geqslant P_{\mathrm{set}} \tag{3.15}$$

式中，P_{WSD}为风偏放电概率；$P(\theta>\theta_{\max})$为预测风偏角超过允许的最大风偏角的概率；P_{set}为设定的预警门槛值。

3.7.1.2　悬垂绝缘子串风偏角计算模型

风偏角计算的主要模型有两种：① 刚体直杆法，即假设悬垂绝缘子串为均匀的刚性直杆，通过静力平衡来计算其风偏角；② 弦多边形法，将每片绝缘子两端的连接当成铰接，按弦多边形的方法求悬垂绝缘子串的水平和垂直投影长度，然后计算风偏角。为方便在线校核计算，此处采用修正后的悬垂绝缘子串的刚体直杆模型，并假设导线单位长度上的荷载沿挡距均匀分布，如图3-10所示。

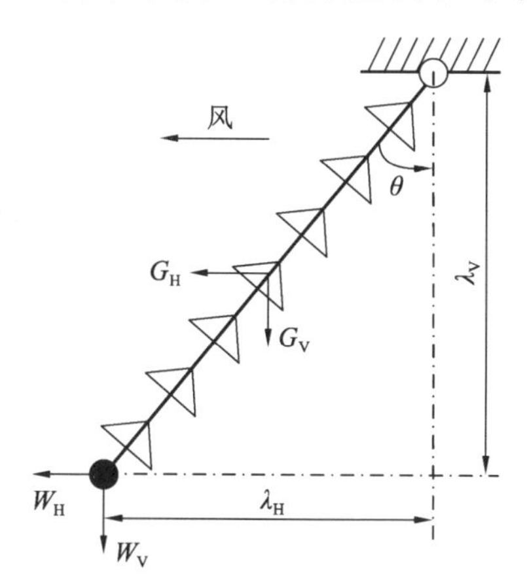

图3-10　刚体直杆模型示意图

绝缘子串风偏角θ的计算公式为

$$\theta=\arctan\left(\frac{\lambda_{\mathrm{H}}}{\lambda_{\mathrm{V}}}\right)=\eta\arctan\left(\frac{0.5G_{\mathrm{H}}+W_{\mathrm{H}}}{0.5G_{\mathrm{V}}+W_{\mathrm{V}}+W_{\mathrm{Z}}}\right) \tag{3.16}$$

式中，G_{H}为绝缘子串中心处横向水平风荷载，N；G_{V}为绝缘子串自身的重力荷载，N；W_{H}和W_{V}分别为绝缘子串末端导线的水平风荷载和导线重力荷载，N；W_{Z}为重锤重量，N；η为脉动增大系数，取值1.12～1.22。

$$G_{\mathrm{H}}=\frac{n\cdot A\cdot\mu_{\mathrm{Z}}\cdot v_f^{2}\cdot g}{16} \tag{3.17}$$

式中，n为绝缘子串数；A为绝缘子串承受风压面积，m^2；μ_{Z}为风压高度变化系

数，基准高度为 10 m 的风压高度系数见表 3-6；v_f 为预报风速，m/s；g 为重力加速度（可取 $g = 9.80$ N/kg）。

$$W_H = \frac{\alpha \cdot K \cdot \mu_Z \cdot (v_f \cdot \sin\gamma)^2 \cdot d \cdot g \cdot L_H}{16} \times 10^{-3} \tag{3.18}$$

式中，α 为风压不均匀系数，其值与风速的关系参见《110 kV ~750 kV 架空输电线路设计规范》；K 为导线体型系数，线径小于 17 mm 或覆冰时取 $K = 1.2$，线径大于等于 17 mm 时取 $K = 1.1$；d 为导线外径，mm；γ 为预报风向角与线路走向之间的夹角，(°)；L_H 为导线水平挡距，m。

$$W_V = W_0 \cdot g \cdot L_V \times 10^{-3} \tag{3.19}$$

式中，L_V 为导线垂直挡距，m；W_0 为导线单位长度的质量，kg/km。

表 3-6　风压高度变化系数取值表

离地面或海平面高度/m	地面粗糙度类别			
	A	B	C	D
5	1.17	1.00	0.74	0.62
10	1.38	1.00	0.74	0.62
15	1.52	1.14	0.74	0.62
20	1.63	1.25	0.84	0.62
30	1.80	1.42	1.00	0.62
40	1.92	1.56	1.13	0.73
50	2.03	1.67	1.25	0.84
60	2.12	1.77	1.35	0.93
70	2.20	1.86	1.45	1.02
80	2.27	1.95	1.54	1.11
90	2.34	2.02	1.62	1.19
100	2.40	2.09	1.70	1.27

注：地面粗糙度类别中，A 类指近海海面和海岛、海岸、湖岸及沙漠地区，B 类指田野、乡村、丛林、丘陵/中小城市郊区，C 类指有密集建筑群的中等城市市区，D 类指有密集建筑群但房屋较高的大城市市区

此外，需要说明的是 2012 年修订之前的 GB/T 50009《建筑结构荷载设计规范》采用指数律风速剖面（风廓线）公式进行不同高度的风速值换算，即

$$v_{fZ} = v_f \left(\frac{Z}{10}\right)^{z_0} \tag{3.20}$$

式中，v_f 为 10 m 高度的风速，m/s；Z 为线路离地高度，m；z_0 为风切变指数，对于海上、乡村、城市和大城市中心四类，z_0 分别取 0.12，0.15，0.22，0.30。

2012 年修订后的 GB/T 50009 – 2012《建筑结构荷载设计规范》对不同高度的风速值进行换算时，仍采用指数律风速剖面（风廓线）公式，但又按 A，B，C，D 四类地面粗糙度等级分别进行修正，即

$$v_{fZ} = \beta\left(\frac{Z}{10}\right)^{z_0} v_f \tag{3.21}$$

式中，z_0 为风切变指数；β 为修正系数。z_0 和 β 取值见表 3-7。

表 3-7　风切变指数 z_0 和修正系数 β 取值表

离地面或海平面高度/m	地面粗糙度类别			
	A	B	C	D
z_0	0.12	0.15	0.22	0.30
β	1.1331	1.0000	0.7376	0.5119

因此，新规范实施之前由标准 10 m 高程的风速换算到线路杆塔高度处的风速，要比新规范实施之后的值小，这对已建成的线路运行来说存在“设计值偏低”的缺陷，在实际运行中需要更加注意风偏放电安全校核。

3.7.2　风预报准确性对风偏角计算的影响分析

风是空气流动的现象。地面气象观测中测量的风是空气相对于地面的水平运动，用风向和风速表示。GB/T 21984 – 2008《短期天气预报》规定了风预报的内容，QX/T 229 – 2014《风预报检验方法》规定了风的确定性预报检验方法。为方便电气工程领域的读者理解，此处对风预报的内容和检验方法做简单介绍，并定量分析风预报的准确性对预测风偏角的影响。

3.7.2.1　风预报内容

短期风预报的内容包括风向、风力等级或风速，预报的时间分辨率为 0 ~ 23 h 时段内逐 3 h，24 ~ 47 h 时段内逐 6 h，48 ~ 71 h 时段内逐 12 h，在每日的 05：00、11：00、17：00 制作发布。

风向指风的来向用八方位或十六方位方式表示。目前，中国气象部门发布的天气预报普遍采用十六方位风向，如图 3-11 所示。

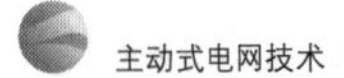

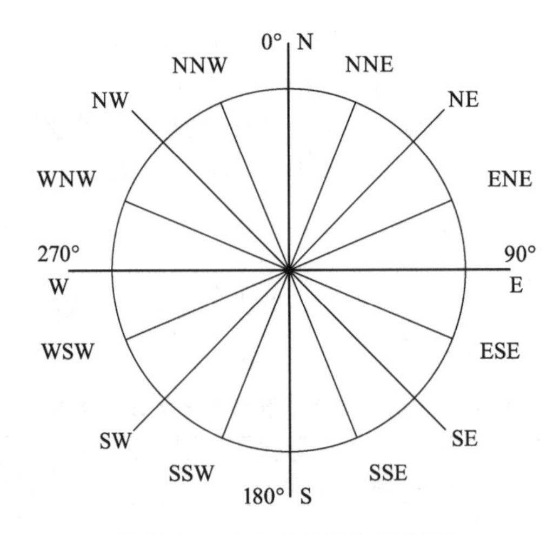

图 3-11　十六方位风向示意图

风力等级是指根据风对地面物体影响程度而定出的等级，用来表示风速的大小。常用的蒲福风力等级自零到十二共划分了十三个等级，中国国家标准GB/T 28591－2012《风力等级》规定的风力等级由零到十七共划分了十八个等级。气象预报的风力等级跨度应在两个等级之内。

在气象监测站布点较为密集的城市地区，在风力等级预报的基础上，也会直接给出未来 24 h 内逐 3 h 的风速预报，并以确定的风速值表示。

3.7.2.2　风向预报准确性对风偏角计算的影响

风向检验指标为风向预报准确率，即风向预报正确的次数占风向预报总次数的百分比。风向预报准确的判据是预报风向角（预报风向方位对应的中心角）与实况风向角度差小于一个方位角，如图 3-12 所示。

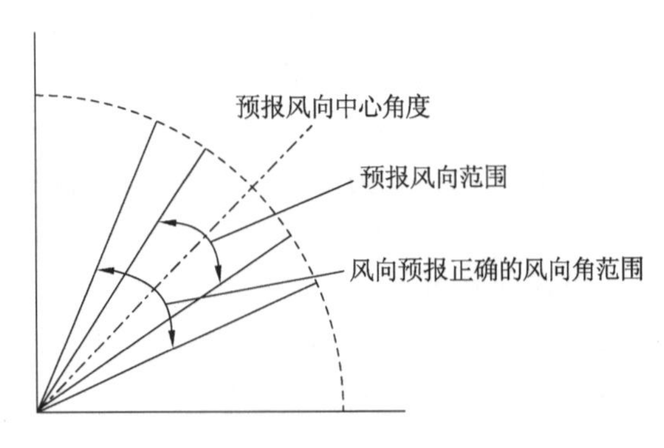

图 3-12　风向预报检验示意图

记 $\Delta\varphi = 360°/(2\alpha) = 180°/\alpha$ 表示半个方位角，其中 $\alpha = 8$ 或 16 分别代表八方位或十六方位，则预报风向的中心角度可表示为

$$\varphi_{fm} = (f-1) \times 2\Delta\varphi \tag{5.8}$$

式中，f 为预报风向编号，$f=1,2,\cdots,\alpha$ 顺时针方向依次表示八方位或十六方位的风向，其中 $f=1$ 表示北风，其中心角度为 $\varphi_{fm}=0°$。

可见，预报风向是［$\varphi_{fm}-2\Delta\varphi$，$\varphi_{fm}+2\Delta\varphi$］的风向角区间。如果预报八方位方向时，风向角变化范围是 $\varphi_{fm}\pm45°$。以 FXBW4－220/100 型悬垂绝缘子串为例，在 30 m/s 的风速下，风偏角随风向角的变化曲线如图 3-13 所示。可见，风向预报准确性对计算风偏角有较大影响，预报风向［$\varphi_{fm}-2\Delta\varphi$，$\varphi_{fm}+2\Delta\varphi$］对应的应该是预测的风偏角区间，而不是一个确定的风偏角。

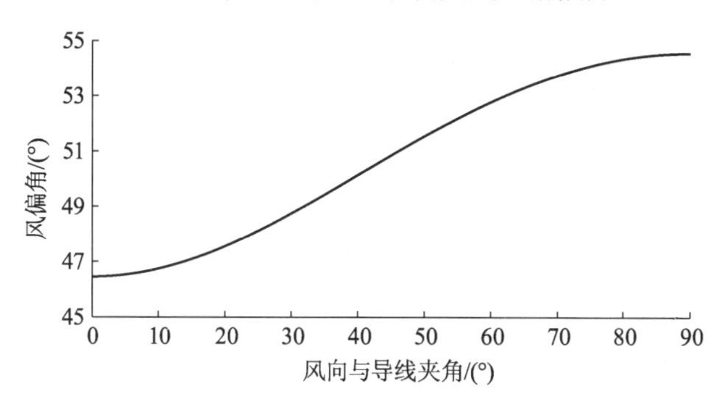

图 3-13　风偏角随风向角的变化曲线示例图

3.7.2.3　风力等级预报准确性对风偏角计算的影响

在进行风力等级检验时，可根据实况监测风速范围，与预报风力等级进行比较，并使用预报准确、预报偏强和预报偏弱来衡量预报准确性，如图 3-14 所示。

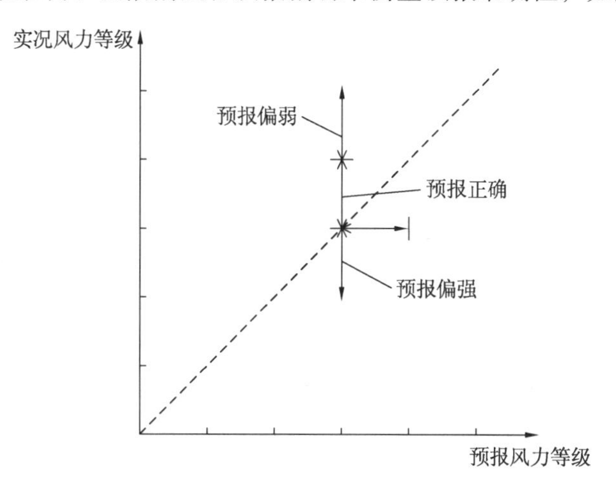

图 3-14　风力等级预报检验示意图

按照 QX/T 229－2014《风预报检验方法》的规定：

（1）当预报风力和实况风力在同一等级时，风力等级预报正确。风力等级预报准确率 FC_{fk} 为预报正确的次数占预报总次数的百分比。

（2）当预报风力等级大于实况风力所在等级时，风力等级预报偏强。风力等级预报偏强率 FS_{fk} 为预报偏强的次数占预报总次数的百分比。

（3）当预报风力等级小于实况风力所在等级时，风力等级预报偏弱。风力等级预报偏弱率 FW_{fk} 为预报偏弱的次数占预报总次数的百分比。

同样，以 FXBW4－220/100 型悬垂绝缘子串为例，在风向垂直于导线走向的情况下，风偏角随风速的变化曲线如图 3-15 所示。在大风（风力等级为 8 级及以上）情况下，同一等级的风力，其最大和最小风速相差 3.5～5 m/s，风偏角也将会有 10°左右的差异。

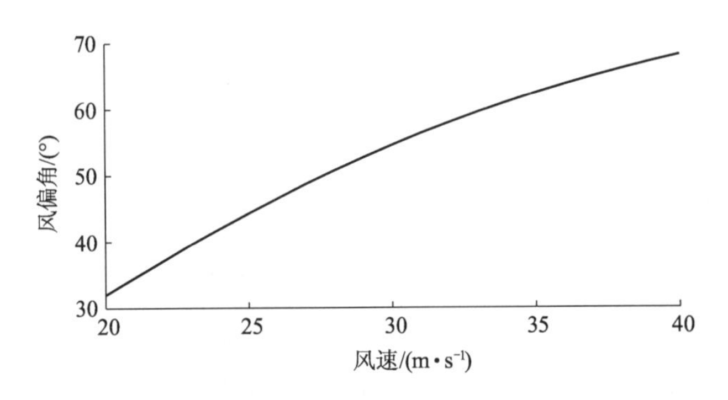

图 3-15　风偏角随风速变化曲线示例图

3.7.3　基于准确率先验分布的预报风模型

风预报准确性以及风向和风速的波动性对风偏角的计算有较大影响，因此引入风预报准确率的先验分布，使用概率模型来描述预报风向和风力等级。

3.7.3.1　预报风向角的概率模型

由于风向预报准确的判据是预报风向角（预报风向方位对应的中心角）与实况风向角度差小于一个方位角，即比预报风向角范围扩大了一个方位角，因此假定风向预报准确率为 1，且在 $[\varphi_{fm}-2\Delta\varphi,\ \varphi_{fm}+2\Delta\varphi]$ 的区间内，风向角概率密度服从梯形分布，如图 3-16 所示。

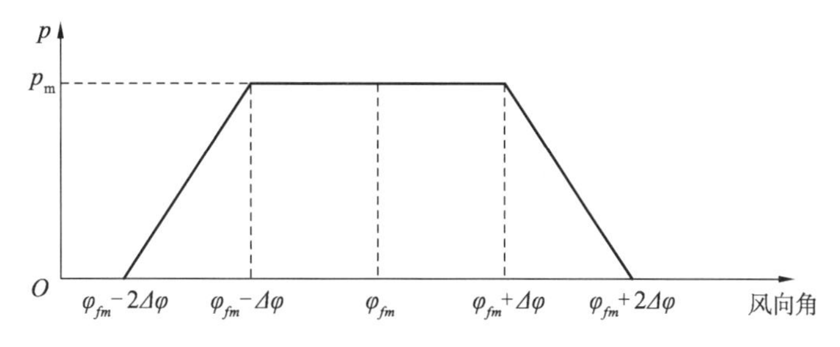

图 3-16　预报风向角概率分布图

那么，预报风向角的概率密度分布函数为

$$p(\varphi)=\begin{cases}0, & \varphi\leqslant\varphi_{fm}-2\Delta\varphi\\ \dfrac{\varphi-\varphi_{fm}+2\Delta\varphi}{3(\Delta\varphi)^2}, & \varphi_{fm}-2\Delta\varphi<\varphi\leqslant\varphi_{fm}-\Delta\varphi\\ \dfrac{1}{3\Delta\varphi}, & \varphi_{fm}-\Delta\varphi<\varphi\leqslant\varphi_{fm}+\Delta\varphi\\ \dfrac{\varphi_{fm}+2\Delta\varphi-\varphi}{3(\Delta\varphi)^2}, & \varphi_{fm}+\Delta\varphi<\varphi\leqslant\varphi_{fm}+2\Delta\varphi\\ 0, & \varphi\geqslant\varphi_{fm}+2\Delta\varphi\end{cases} \tag{3.23}$$

且

$$\int_{\varphi_{fm}-2\Delta\varphi}^{\varphi_{fm}+2\Delta\varphi}p(\varphi)\mathrm{d}\varphi=1 \tag{3.24}$$

3.7.3.2　预报风速的概率模型

由于在大风天气下，风力等级预报准确率约为40%～60%，且预报偏弱率高于预报偏强率，因此假设风力等级 k 预报准确的情况下，风速在 k 级风力对应的风速区间内均匀分布，其概率密度为 $FCR_{fk}/[(v_k)_{\max}-(v_k)_{\min}]$；当风力等级预报偏强时，风速在低一级（$k-1$ 级）风力对应的风速区间内均匀分布，其概率密度为 $FSR_{fk}/[(v_{k-1})_{\max}-(v_{k-1})_{\min}]$；当风力等级预报偏弱时，风速在高一级（$k+1$ 级）风力对应的风速区间内均匀分布，其概率密度为 $FWR_{fk}/[(v_{k+1})_{\max}-(v_{k+1})_{\min}]$。综上，预报风速概率密度分布使用预报偏强率、预报正确率、预报偏弱率对应的三级均匀分布表示，如图 3-17 所示。

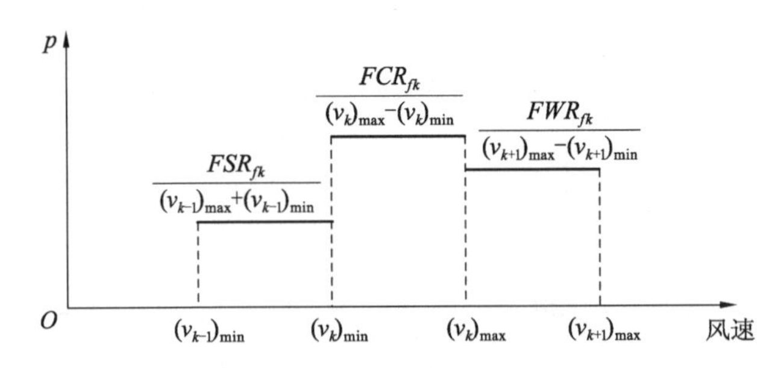

图 3-17　预报风速概率分布图

那么，在预报的 k 级风力下，风速的概率密度分布函数为

$$p(v)=\begin{cases}\dfrac{FSR_{fk}}{(v_{k-1})_{\max}-(v_{k-1})_{\min}}, & v\in[(v_{k-1})_{\min},(v_{k-1})_{\max}]\\ \dfrac{FCR_{fk}}{(v_{k})_{\max}-(v_{k})_{\min}}, & v\in[(v_{k})_{\min},(v_{k})_{\max}]\\ \dfrac{FWR_{fk}}{(v_{k+1})_{\max}-(v_{k+1})_{\min}}, & v\in[(v_{k+1})_{\min},(v_{k+1})_{\max}]\end{cases}\tag{3.25}$$

且

$$FCR_{fk}+FSR_{fk}+FWR_{fk}=1\tag{3.26}$$

式中，FCR_{fk}表示 k 级风力等级预报准确率；FSR_{fk}表示 k 级风力等级预报偏强率；FWR_{fk}表示 k 级风力等级预报偏弱率；$(v_k)_{\min}$，$(v_k)_{\max}$分别表示 k 级风力对应的最小和最大风速。

风偏角与 FWR 和 FCR 呈正相关性，因为二者对应着更高的风速；相反，风偏角与 FSR 呈负相关性。实际应用中，气象部门都会定期对预报的风速和风向进行检验，并发布数值预报产品天气学检验评估公报以及周报和月报。因此，在使用 FCR、FSR 和 FWR 抽样产生预报风速时，可以查阅数值预报检验报告确定 FCR、FSR 和 FWR 的取值。

3.7.4　输电线路风偏放电概率预警方法

对于已经建成的输电线路，在大风天气下，可以在线校核悬垂绝缘子串的风偏角是否超过允许的最大风偏角，以及超过允许的最大风偏角的概率，作为输电线路风偏放电预警的判据。

由于预报风向和风速具有随机性，可用概率分布进行描述，因此可以通过蒙特卡洛抽样，在每次抽取的风向角与风速下，计算绝缘子串的风偏角 θ。如果 $\theta>\theta_{\max}$，则认为会发生风偏放电，记抽样中 $\theta>\theta_{\max}$ 的次数为 $NOWS$，总抽样次数为 N_{total}，故在预报的风向和风速下风偏放电的概率为

$$P_{\mathrm{WSD}}=P\ (\theta>\theta_{\max})\ =\frac{NOWS}{N_{\mathrm{total}}}\times 100\% \tag{5.27}$$

允许的最大风偏角 $\theta_{\max}$ 可以查阅设计图纸，也可以根据允许的最小电气距离反推求得。

3.7.4.1　预警启动条件

预警启动流程可以根据当地电网的防风设计水平而定。例如按照中国现行的输电线路设计规程的要求，110 ~ 220 kV 输电线路按离地 10 m、30 年一遇、10 min 时距的平均最大风速，并且最小按 23.5 m/s 的标准设计；500 kV 输电线路按离地 10 m、50 年一遇、10 min 时距平均最大风速，并且最小按 27 m/s 的标准设计。

考虑到在大风情况下，风力等级预报偏弱率较高，因此，可以设定内陆 7 级、沿海地区 8 级预报风力作为启动预警计算的条件。

3.7.4.2　预警流程与预警信息发布

基于风预报概率模型的输电线风偏放电概率计算流程如图 3-18 所示。

预警门槛值设定选用 p-分位法，考虑到最大风偏角设计时留有裕度，同时预报风速概率抽样时也按预报偏弱率提高了风速值，因此设定风偏放电概率预警门槛值为 $P_{\mathrm{WSD}}=20\%$，实际运用中，可以根据预警效果动态调整。电力行业普遍采用红、橙、黄、蓝四种颜色表示风险等级，本书也将风偏放电预警等级划分为红、橙、黄、蓝四个等级，如表 3-8 所示。预警结果发布的格式参见表 3-9。

表 3-8　风偏放电预警等级表

风偏放电概率	预警等级
$80\% \leqslant P_{\mathrm{WSD}}$	Ⅰ级（红色）
$60\% \leqslant P_{\mathrm{WSD}} < 80\%$	Ⅱ级（橙色）
$40\% \leqslant P_{\mathrm{WSD}} < 60\%$	Ⅲ级（黄色）
$20\% \leqslant P_{\mathrm{WSD}} < 40\%$	Ⅳ级（蓝色）
$0\% \leqslant P_{\mathrm{WSD}} < 20\%$	不报警

表 3-9　预警发布格式

预警编号	预警线路	预警内容	预警等级	预警时效
2012-12-29-0001	220 kV ××线 ××塔	风偏放电概率 73.78%	Ⅱ级橙色	23：00—02：00

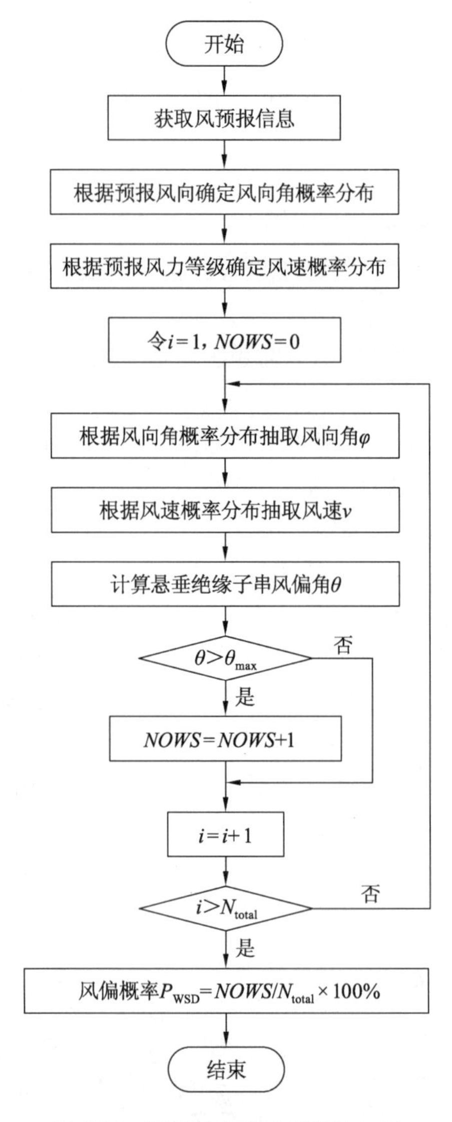

图 3-18　风偏放电概率计算流程图

3.7.5　案例分析

2012 年广东沿海某供电局管辖的某 220 kV 输电线路发生风偏跳闸 18 次，其中 N60 塔 B 相（单回路中相）跳线于 2012 年 12 月 29 日午夜到 30 日凌晨风偏跳闸 17 次。此处选取该 N60 塔中相跳线和历史气象数据信息进行风偏跳闸预警反演，以验证本节所提方法的有效性。N60 塔型为 GJ1–14.5，绝缘子串为 FXBW4–

220/100 型悬垂绝缘子串，参数见表 3-10；跳线为 JL/G1A－300/40，参数见表 3-11。

表 3-10　FXBW4-220/100 型悬垂绝缘子串参数表

A/m^2	n	G_V/N	W_Z/N
0.25×2.39	1	117.68	0

表 3-11　JL/G1A-300/40 型跳线参数表

d/mm	S/mm^2	$W_0/(\text{kg}\cdot\text{km}^{-1})$	L_H/m	L_V/m
23.9	338.99	1131.0	4.7	2.5

2012 年 12 月 29 日开始，受一股强冷空气影响，该地区出现大风天气，当地气象局于 29 日 20：30 发布大风蓝色预警，预计沿海和高地阵风可达 8～9 级以上，发往该供电局的精细化短期预报信息见表 3-12。

表 3-12　2012－12－29－20：30 发布的风预报信息

时段	风力等级	风向
20：00—23：00	8	NNE
23：00—02：00	9	N
02：00—05：00	9	NNW
05：00—08：00	8	NNW

该线路的基本设计风速为 33 m/s（离地 15 m），设计工频电压下允许的最大风偏角为 60°。启动风偏概率预警程序后，结合当地大风预报的准确性先验分布，取风力等级预报准确率 $FCR=0.58$，预报偏强率 $FSR=0.10$，预报偏弱率 $FWR=0.32$，计算得到的预测风偏角概率分布如图 3-19 所示，风偏预警结果如表 3-13 所示。

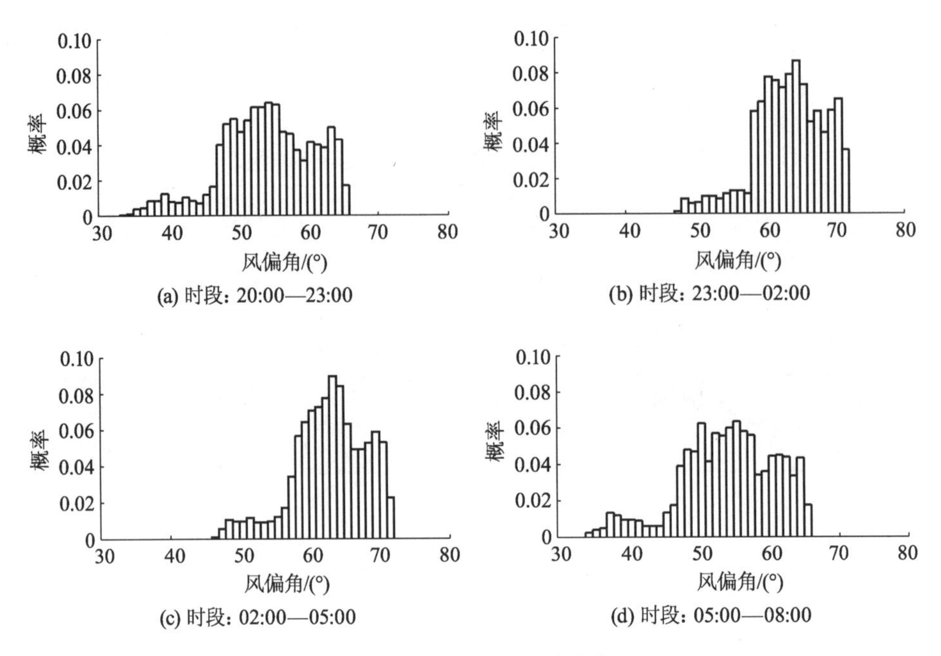

图 3-19　预测风偏角概率分布图

表 3-13　风偏概率预警计算结果

时段	风偏放电概率	预警等级	实际风偏放电跳闸情况
20：00—23：00	22.65%	Ⅳ级 蓝色	0 次
23：00—02：00	77.16%	Ⅱ级 橙色	9 次
02：00—05：00	71.19%	Ⅱ级 橙色	6 次
05：00—08：00	23.86%	Ⅳ级 蓝色	2 次

经当地气象局分析，此次大风天气过程导致该地区多地出现 8 ~ 9 级大风，其中东部沿海局地阵风达到 10 级以上，具体风速分布如 3-20 所示。其中距离该 N60 铁塔最近的自动气象站的实况监测数据显示，在 30 日 00：25 出现了 28.3 m/s 的极大瞬时风速。

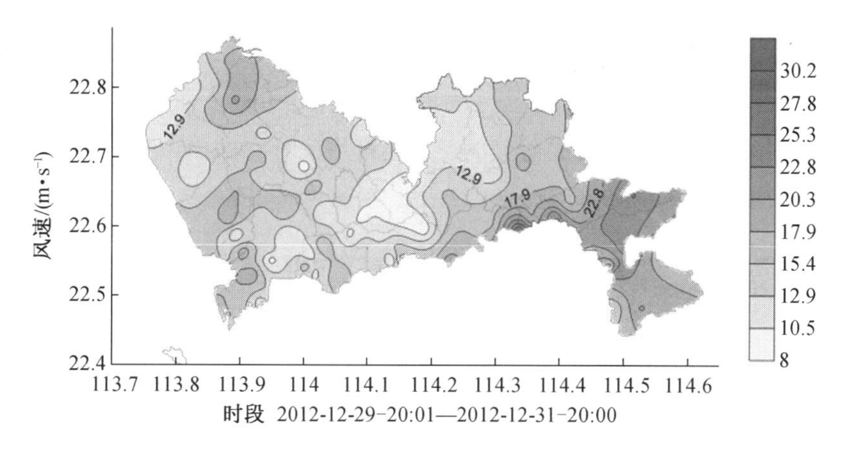

图3-20　2012-12-29—2012-12-31 风速分布图

此次预报的最大风力等级为 9 级，对应的最大风速为 24.4 m/s（离地 10 m），按照式（3.21）（根据杆塔所在位置的地形（如图3-21所示），取A类地面粗糙度）换算到杆塔高度后为29.0 m/s，并未超过33 m/s的基本设计风速；而实际在30日00：25出现28.3 m/s的极大瞬时风速（10级），换算后的风速为33.67 m/s，刚好超过基本设计风速。

(a) N60杆塔

(b) 周围地势

图3-21　N60杆塔及周围地势图

如果使用确定性方法，即使用预报风力等级对应的最大风速和预报风向对应的中心风向角计算风偏角，那么四个时段的预测风偏角分别是57.42°、65.95°、65.30°和57.42°，在05：00—08：00将会判定为安全，风险预警会出现漏报。

可见，由于风预报准确性的影响，在预报偏弱的情况下，实际风速将超过预报风力等级，所以仅按预报风力等级的最大风速进行设计风速校核，校核的结果将会偏于保守。而使用本节所提的风偏放电概率预警方法，在预报的风向和风速下，根据风预报准确率先验分布，对预报风向和风速的进行概率描述，通过蒙特卡洛抽样计算风偏放电概率，能够有效预警线路风偏放电故障风险。

此外，由于该地区主要盛行东风和东北风，而该条线路为东西走向，一般较少出现垂直于导线的风向，而此次大风过程主要是北风，风向同线路走向近乎垂直，因此在风力不是特别大的情况下，加上杆塔又处在海岸山顶这种特殊地势，导致出现严重的风偏放电跳闸事故。

3.8 输电线路易舞气象条件预测与舞动风险预警

3.8.1 输电线路舞动预警原理

3.8.1.1 影响输电线路舞动的因素分析

输电线路舞动是一种复杂的流固耦合振动，其形成因素较多。经过多年来国内外对舞动的研究，归纳得出了引起舞动的三大因素。

（1）导线覆冰：引起导线舞动的决定性因素。导线上要形成覆冰，必须具备三个条件：一是空气湿度较大，一般在 85% 以上；二是合适的温度，一般为 -5 ~0 ℃；三是可以使空气中水滴运动的合适风速，一般大于1 m/s，小于15 m/s。

（2）风的激励：引起导线舞动的直接原因。一段线路的舞动状态及其强弱，除了与风速大小有关外，还取决于风向与导线轴线（线路走向）的夹角。

（3）线路结构与参数：引起导线舞动的内因。不合理的线路结构参数组合易引起导线舞动，这些因素主要包括导线的类型、导线截面、线路挡距等。

综上可见，导线舞动的形成同外界气象条件密不可分，这些气象条件包括风速、风向与导线轴线的夹角、温度、相对湿度和降水量。由于导线覆冰舞动是气象要素累积作用的结果，因此对舞动多发区域的气象条件进行梳理，选取线路舞动前两天的最低气温、平均相对湿度、日降水量、平均风速，以及当天的最低气温、相对湿度、日降水量、最大风速、最大风速的风向作为预报是否达到易舞气象条件的变量。

当达到易舞气象条件后，是否发生舞动则与导线结构与参数等内在因素密切相关，对引起导线舞动的内因（导线结构、导线截面和挡距）按表 3-14 进行划分，然后据此将线路历史舞动资料进行归类，得到共计 18 类（如单导线、小截面、小挡距线路）的舞动情况统计数据。

表 3-14　导线舞动内因分类统计表

内因	导线结构	导线截面 S/mm	挡距 L/m
	单导线	小（$S \leqslant 150$）	小（$L \leqslant 300$）
分类	分裂导线	中（$150 < S \leqslant 300$）	中（$300 < L \leqslant 600$）
	—	大（$S > 300$）	大（$L > 600$）

3.8.1.2　基于双层分类器的舞动预警原理

如前所述，输电线路舞动和所处的外部气象条件及线路自身的结构参数密不可分，而目前已有的针对输电线路舞动的物理模型不够精确，且这些模型中的部分参量在实际线路上难以通过测量实时获取，纯粹利用物理模型进行输电线路舞动预警的准确性和实用性较低。近年来，电力部门在输电线路上装设了大量的微气象、覆冰舞动等在线监测装置，积累了较多的观察样本。但由于对总体起作用的外部气象条件的变化必然影响着每一个个体，所以受动力学支配的单个客体的行为只能在一定范围内偏离总的方向，且它们在总体上仍表现出统计的必然性，因此统计学习理论是面对充足的观测数据但缺乏有效理论模型时最基本的分析方法。

本章将输电线舞动预警归结为有监督学习下的分类预测问题。对一个分类预测问题，统计学习的基本目标是根据观测数据建立具有较强泛化能力的学习器。可是在大多情况下，由于学习器的精确性受领域知识和训练数据及其分布的影响很大，尤其是对那些我们还未完全了解其物理本质的预测问题，如导线覆冰舞动，使得我们很难直接构造具有高精度的学习器，一次性做到某条线路、具体线路区段的预测与预警。然而，造成导线舞动的内因是线路结构参数，而当内因相对不变时，事物的变化由外因决定。因此，可以先构造模型去预测外部气象条件的变化，达到舞动条件后再去预测具体线路（导线段）是否会发生舞动。所以，导线舞动预测和风险预警可分为两步进行：第一步，以气象参数为输入量，建立气象要素累积作用过程的分类器，预测是否满足易舞气象条件；第二步，达到易舞气象条件后，再预测特定导线结构、截面、挡距的输电线路在预报的风速、风向等的激励下是否会发生舞动。

综上，本章提出一种基于 SVM 和 AdaBoost 双层分类器的输电线舞动风险预警方法，首先通过挖掘历史上舞动频发区域的气象参数，构建基于 SVM 分类器的区域易舞气象条件预报模型；当预判到某区域满足易舞气象条件时，再结合当地输电线路的导线结构、导线截面、挡距等线路结构参数，通过构建的 AdaBoost 分类器实现线路舞动预警，其原理如图 3-22 所示。

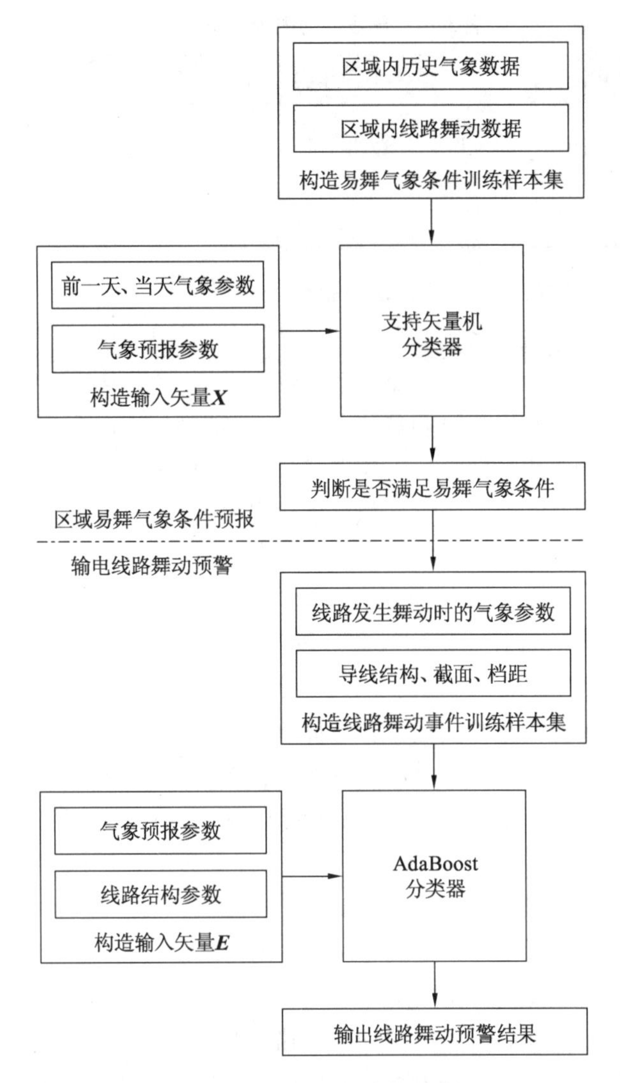

图 3-22　基于 SVM 和 AdaBoost 双层分类器的输电线路舞动预警原理图

3.8.2　基于 SVM 分类器的易舞气象条件预测模型

3.8.2.1　SVM 分类器原理

支持矢量机是一种通用的机器学习算法，也是一种重要的模式分类技术，在解决小样本、非线性及高维模式识别问题中具有很多优势。如图 3-23 所示，支持矢量机分类器的基本原理可以简要概括如下：对于线性可分或非线性可分的训练样本集，首先根据最优化理论在原始特征空间中构建最优线性分类界面或广义最优分类界面，然后使用满足 Mercer 定理的核函数替换原始分类界面函数中的数积运算，将原始特征空间中的非线性分类界面隐式地映射到更高维的变换特征空间中产生线性分类界面，从而达到更好的分类效果。支持矢量机由于隐含地运用了结构风险设计的概念，因此具有很强的推广性，对不同工作模式也能起到很好的分类效果。

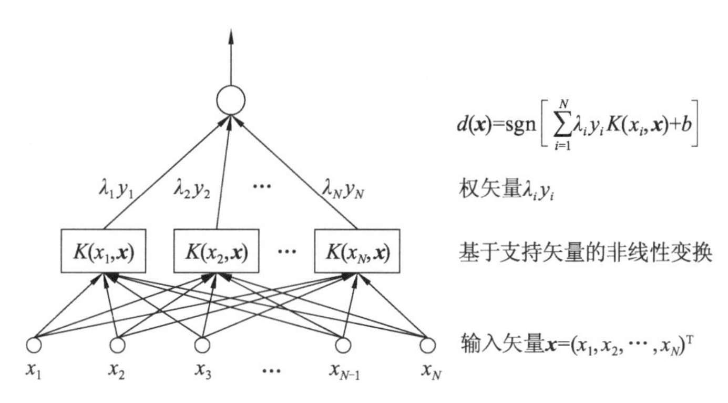

图 3-23　支持矢量机分类器的原理图

支持矢量机分类器的构造方法如下：

对于一个二分类问题，假设给定 N 维训练样本 x_1，x_2，…，x_N。为了表述方便，定义每个样本的类别属性，ω_1 类的训练样本 x_i，其类别属性值 $y_i=1$；ω_2 类的训练样本 x_j，其类别属性值 $y_j=-1$，于是可以将上述各样本重新表示为 $\{(x_1,\ y_1),\ (x_2,\ y_2),\ \cdots,\ (x_N,\ y_N)\}$。设这些样本是线性可分的，即存在线性分类界面能将这些训练样本正确地分为两类，令分类界面为

$$\sum_{i=1}^{N} y_i \lambda_i x_i^{\mathrm{T}} x + b = 0,\ \lambda_i \geqslant 0 \tag{3.28}$$

通过训练所求得的分类界面的参数 λ_i（$i=1,\ 2,\ \cdots,\ N$）和 b 应满足

$$y_i\left(\sum_{i=1}^{N} y_i \lambda_i x_i^{\mathrm{T}} x + b\right) \geqslant 1 \tag{3.29}$$

且满足上式中非零系数 λ_i 个数最少。

求取分类界面，其实质是一个最优化问题，并可以描述成如下的规划问题：

$$\min S = \sum_{i=1}^{N} \lambda_i$$

$$\text{s.t.}\begin{cases}\lambda_i \geqslant 0 \\ y_i\left(\sum_{j=1}^{N} y_i \lambda_i x_i^{\mathrm{T}} x + b\right) \geqslant 1\end{cases} \quad (i=1,\ 2,\ \cdots,\ N) \tag{3.30}$$

对于非线性可分的情况，采用核函数技术，则相应的最优化问题为

$$\min L = \sum_{i=1}^{N} \lambda_i + C\sum_{i=1}^{N} \xi_i$$

$$\text{s.t.} \begin{cases} \lambda_i \geqslant 0 \\ \xi_i \geqslant 0 \\ y_i\left(\sum_{j=1}^{N} y_i \lambda_i K(x_i, x_j) + b\right) \geqslant 1 - \xi_i \end{cases} \quad (i = 1, 2, \cdots, N) \tag{3.31}$$

式中，$K(x_i, x_j)$ 为所选取的核函数。

最优化问题（3.31）的解即可构成分类界面的判别函数

$$d(x) = \text{sgn}\left[\sum_{i=1}^{N} \lambda_i y_i K(x, x_i) + b\right] \tag{3.32}$$

3.8.2.2 使用SVM分类器的易舞气象条件预测

由支持矢量机的构造方法可知，构造支持矢量机分类器的关键是构造输入矢量集和选取核函数。

（1）构造输入矢量

导线舞动的形成与外部气象环境关系密切，这些气象条件包括：风速、风向与导线轴线的夹角、气温、相对湿度和降水量。由于导线覆冰是气象条件累积作用的结果，因此选取舞动前两天的最低气温、平均相对湿度、日降水量、平均风速，以及发生舞动当天的最低气温、相对湿度、日降水量、最大风速、最大风速的风向作为预报易舞气象条件的输入矢量，具体如下：

$$\boldsymbol{x} = (T_{\min 2}, RH_{\text{mean2}}, P_2, V_{\text{mean2}}, T_{\min 1}, RH_{\text{mean1}}, P_1, V_{\text{mean1}}, T_{\min}, RH, P, V_{\max}, WD)$$

式中，$T_{\min 2}$，RH_{mean2}，P_2，V_{mean2}分别表示前两天的最低温度、平均相对湿度、日降水量、平均风速；$T_{\min 1}$，RH_{mean1}，P_1，V_{mean1} 分别表示前一天的最低温度、平均相对湿度、日降水量、平均风速；$T_{\min}$，RH，P，$V_{\max}$，WD 分别表示当天的最低温度、相对湿度、日降水量、最大风速、最大风速的风向。$\boldsymbol{x}$ 为一个 13 维的矢量。

（2）选取核函数

核函数通过把输入矢量映射到高维空间来增强线性学习器的分类性能，线性学习器对偶空间的表达方式也让分类操作更加灵活。虽然变换空间会使维数增加许多，但由于变换空间中的数积可以利用原空间中的变量直接计算，实际上并没有增加多少计算的复杂度，因为只有支持矢量参与运算，复杂度只与支持矢量的个数有关。核函数有多种形式，只要满足 Mercer 条件均可。下面给出几种常用的核函数，可以根据实际效果进行试探性选择。

① 高斯核函数

$$K(x_i, x) = \exp\left(-\frac{\| x_i - x \|^2}{2\sigma^2}\right) \tag{3.33}$$

式中，σ 为控制核函数高宽的参数。

② 二次有理核函数

$$K(x_i, x) = 1 - \frac{\| x_i - x \|^2}{\| x_i - x \|^2 + c} \tag{3.34}$$

③ 线性核函数

$$K(x_i, x) = \langle x_i, x \rangle \tag{3.35}$$

式中，$\langle x_i, x \rangle$ 表示矢量的数积运算。

④ 多项式核函数

$$K(x_i, x) = (\langle x_i, x \rangle + 1)^d \tag{3.36}$$

式中，d 为正整数。

采用支持矢量机的易舞气象条件预报流程图如图 3-24 所示。

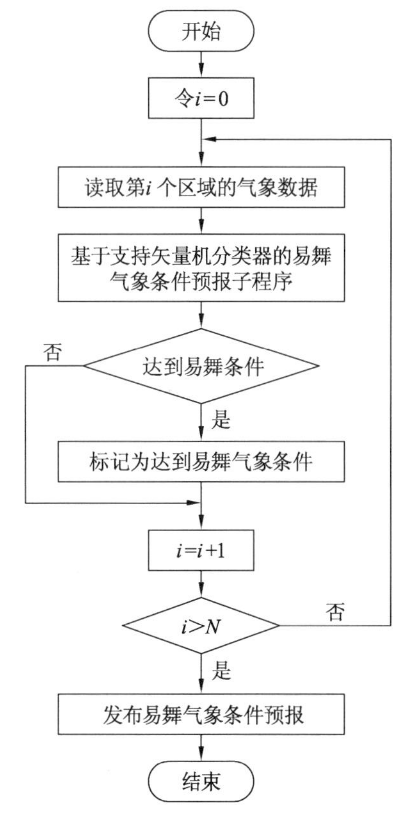

图 3-24　易舞气象条件预报流程图

预报的结果为给出某区域是否达到易舞气象条件，即 $y=\{-1,1\}$，其中 $y=1$ 表示达到易舞气象条件，$y=-1$ 表示未达到易舞气象条件。

3.8.3 基于AdaBoost分类器的输电线路舞动预警模型

对于一个预测分类问题，我们通常很难直接构造具有高精度的分类学习器，然而构造几个只比随机猜测略好的弱学习器却很容易。因此，寻找一般的提高已有学习器精确度的方法是很有价值的，这在直接构造强学习器非常困难的情况下，为设计学习算法提供了一种有效的新思路和新方法，集成学习正是在这一背景下应运而生的。自从集成学习的概念被提出以后，就在很多领域得到了快速的发展和广泛的应用。目前常用的集成学习算法有Bagging算法（bootstrap aggregation，自助聚集法）和Boosting算法（增强法），而Boosting算法中最流行的一种就是AdaBoost（adaptive boosting，自适应增强）算法。

3.8.3.1 AdaBoost算法原理

AdaBoost算法建立在Schapire的关于“弱分类器”的性能分析及Freund的关于“学习理论”的早期研究基础上，于1996年被提出。由于该算法不要求事先知道弱学习算法预测精度的下限，只要求基本分类器的正确识别率略大于“随机猜想”即可（也被称为弱分类器），因此能够更好地适用于实际问题。它具有泛化错误率低、易编码等优点，被评为数据挖掘十大算法之一。

AdaBoost的核心思想就是将大量的弱分类器通过一定方式组合起来，构成一个分类效果更佳的强分类器。

AdaBoost算法描述如下：

（1）输入：弱分类器设计方法 C；训练次数（弱分类器个数）T；样本集 $E=\{(\boldsymbol{e}_1,f_1),(\boldsymbol{e}_2,f_2),\cdots,(\boldsymbol{e}_M,f_M)\}$。其中，$\boldsymbol{e}_i$ 为第 i 个样本的气象特征向量；$f_i=\{-1,1\}$ 表示第 i 个样本的类别标号：-1 表示未发生舞动，1 表示发生舞动；M 为样本数。

（2）初始化：样本权值分布 $w_1(i)=1/M$，$i=1,2,\cdots,M$。

当 $t=1,2,\cdots,T$ 时，

① 根据 $w_t(i)$ 从 E 中进行有放回的抽样生成新的样本集合 E_t；

② 在 E_t 上训练弱分类器 $C_t(E)$，并用 $C_t(E)$ 对原始训练样本集 E 进行分类；

③ 计算 $C_t(E)$ 的分类错误率：

$$\varepsilon_t=\sum_{i=1}^{M}w_t(i)\cdot I(C_t(\boldsymbol{e}_i)\neq f_i) \tag{3.37}$$

当 $C_t(\boldsymbol{e}_i)\neq f_i$ 时，$I(\cdot)$ 为1，其余为0；

④ 计算 $C_t(E)$ 的系数：

$$a_t = \frac{1}{2}\ln\left(\frac{1-\varepsilon_t}{\varepsilon_t}\right) \tag{3.38}$$

⑤ 更新权值分布：

$$\begin{aligned} w_{t+1}(i) &= \frac{w_t(i)}{Z_t} \cdot \begin{cases} \exp(-a_t), C_t(\boldsymbol{e}_i) = f_i \\ \exp(a_t), \quad C_t(\boldsymbol{e}_i) \neq f_i \end{cases} \\ &= \frac{w_t(i)}{Z_t} \cdot \exp[-a_t \cdot C_t(\boldsymbol{e}_i)],\ i = 1,2,\cdots,M \end{aligned} \tag{3.39}$$

式中，$Z_t = \sum_{i=1}^{M} w_t(i) \cdot \exp[-a_t \cdot f_i \cdot C_t(e_i)]$ 是归一化因子，可使得 $\sum_{i=1}^{M} w_{t+1}(i) = 1$。

⑥ 最终分类器：

$$f = C(E) = \mathrm{sgn}\left[\sum_{t=1}^{T} a_t C_t(E)\right] \tag{3.40}$$

3.8.3.2　弱分类器的构建

对于弱分类器，结构越简单，分类越容易实现，所以此处选择最常用的单层决策树作为弱分类器。该决策树仅基于单个输入特征并采用阈值划分方法来做决策，即只有一个节点，且由于这棵树只有一次分裂过程，与树桩形似，因此它也被称作决策桩。

决策桩构造的最关键问题是判断阈值划分结果的好坏，以便选择最佳分割点。目前一般采用基于信息量或错误率（如 *gini* 指标）的衡量准则，*gini* 不纯度指标比信息量指标性能更好，且计算方便，其最大的特点是计算时只需考虑类值在被划分时每一部分的分布情况。因此，采用 *gini* 指标来评估分割规则的优劣程度，对于包含 C 个类别的数据集 S，其定义如下：

$$gini(S) = 1 - \sum_{j=1}^{c} p_j^2 \tag{3.41}$$

式中，p_j 表示集合 S 中类别 j 的样本所占的比例。若分割规则 *rule* 将 S 划分为 S_1 和 S_2 两个子集，则该规则的评估值可记为

$$gini(S,rule) = \frac{n_1}{n} gini(S_1) + \frac{n_2}{n} gini(S_2) \tag{3.42}$$

式中，n_1 为子集 S_1 的样本个数，n_2 为子集 S_2 的样本个数，n 为集合 S 的样本个数。

对于一个数值型的属性，基于 *gini* 指数的决策桩分割思想是，在遍历所有可能的分割方法后，选择使评估值 *gini*（S，*rule*）达到最小的作为此节点处的最优划分规则。上述流程可描述如下：

（1）对于数值型属性的样本值进行排序，假设排序后的结果是（e_1，f_1），（e_2，f_2），…，（e_n，f_n）。

（2）由于分割只发生在两个数据点间，所以通常取中点（e_i+e_{i+1}）/2 作为分割点，然后从小到大依次取不同的分割点，并计算各分割规则的 *gini* 值。

（3）选取使 *gini* 值最小的点作为最佳分割点。

3.8.3.3　使用 AdaBoost 分类器的线路舞动预警

如前所述，当达到易舞气象条件后，线路是否发生舞动还与导线的结构和参数密切相关。因此，使用预报的最低气温、相对湿度、最大风速、风向与导线轴向的夹角作为输入特征变量，以导线结构、截面和挡距作为已知的固定参数，构建基于 AdaBoost 分类器的输电线路舞动预警模型，其原理如图 3-25 所示。舞动预警的流程图如图 3-26 所示。

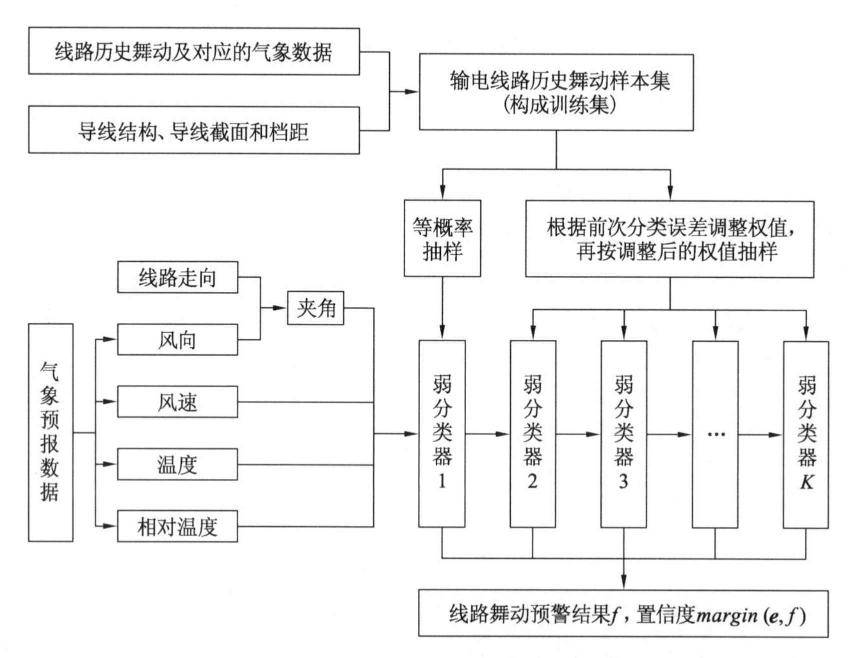

图 3-25　基于 AdaBoost 分类器的输电线路舞动预警原理示意图

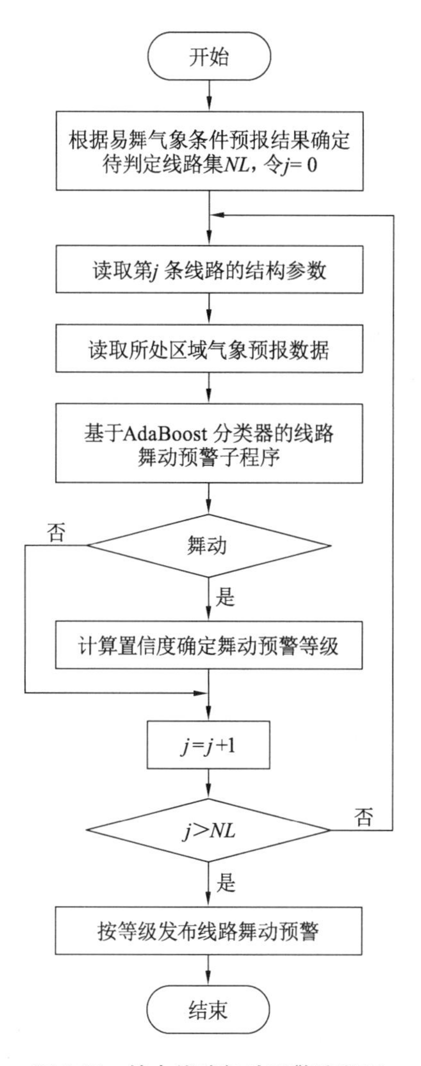

图 3-26　输电线路舞动预警流程图

输入气象特征向量为 $\boldsymbol{e}=(T_{\min}, RH, V_{\max}, \theta)$。其中，$T_{\min}$，$RH$，$V_{\max}$，$\theta$ 分别为预报的最低气温、相对湿度、最大风速、风向与导线轴向夹角为输入变量。

在近地层中，受地面粗糙度和近地大气垂直稳定度的影响，风速随高度变化而显著变化，形成一个垂直风廓线。为此需要将气象部门预报的 10 m 高程的风速换算到导线离地高度 Z 处的风速。

由气象预报输入特征向量 $\boldsymbol{e}$ 所得的舞动预测结果 f，可用式（3. 43）计算置信度：

$$margin(\boldsymbol{e},f) = \frac{\sum_t a_t C_t(\boldsymbol{e})}{\sum_t |a_t|} \tag{3.43}$$

式中，$margin \in [-1, +1]$，较大的正（负）边界表示预测该条线路发生（不发生）舞动的可信度更高，较小的边界则表示预测结果的可信度更低。

最后，根据舞动预测结果的 *margin* 值，暂时按表 3-15 所示设定输电线路舞动预警的风险等级。

输电线路舞动预警输出结果中置信度大于 40% 的 Ⅰ、Ⅱ级舞动预警情况，应重点防控、加强巡视监测、做好调度应急预案；同时，对置信度较小的Ⅲ级舞动预警也不可掉以轻心，应做好充分准备，尽力将输电线路舞动的损害减至最小。

表 3-15　输电线舞动预警等级表

条件	预警等级
$margin > 0.7$	Ⅰ级
$0.4 < margin \leqslant 0.7$	Ⅱ级
$0.1 < margin \leqslant 0.4$	Ⅲ级

3.8.4　预测性能检验方法

气象学上常采用击中率、漏报率、空报率、临界成功指数等来评价天气预报的效果。本节借鉴这一思路，通过对比预警情况与实际故障发生情况，列出预警效果统计表（见表 3-16），使用分类正确率、预警准确率、空报率、漏报率等评价指标来检验风险预警的预测性能。

表 3-16　预警效果统计表

预警情况	实际发生	实际未发生
有预警	N_{AW}	N_{FW}
未预警	N_{MW}	N_{NW}
预警总次数为 $N_{AW}+N_{FW}$，实际发生总次数为 $N_{AW}+N_{MW}$		

3.8.4.1　分类正确率 *ACR*

将“有预警，实际发生舞动”和“未预警，实际也未发生”视为“分类正确”，此时分类正确率（accurate classification rate，ACR）可表示为分类正确的次数占所有可能情况的比例，计算式为

$$ACR=\frac{N_{AW}+N_{NW}}{N_{AW}+N_{NW}+N_{FW}+N_{MW}}\times 100\% \tag{3.44}$$

式中，N_{AW}表示有预警实际也发生舞动的次数；N_{MW}表示没有预警而实际发生舞动的次数；N_{FW}表示有预警而实际没有发生舞动的次数；N_{NW}表示没有预警实际也没有发生舞动的次数。

3.8.4.2 预警准确率 *AWR*

将“有预警实际也发生了”视为“预警正确”，此时预警准确率（accurate warning rate，AWR）表示为预警正确的次数占实际发生总次数的比例，计算式为

$$AWR=\frac{N_{AW}}{N_{AW}+N_{MW}}\times 100\% \tag{3.45}$$

3.8.4.3 空报率 *FWR*

将“有预警而实际没有发生”视为“空报”，此时的空报率（false warning rate，FWR）表示为空报次数占总预警次数的百分比，计算式为

$$FWR=\frac{N_{FW}}{N_{AW}+N_{FW}}\times 100\% \tag{3.46}$$

3.8.4.4 漏报率 *MWR*

将“没有预警而实际发生了”视为“漏报”，此时的漏报率（missed warning rate，MWR）表示为漏报次数占实际发生总次数的百分比，计算式为

$$MWR=\frac{N_{MW}}{N_{AW}+N_{MW}}\times 100\% \tag{3.47}$$

预警系统投运后，可以采用上述指标定期检验评估预警效果，根据预警性能调整预警模型中的特征值、门槛值等参数，以提升预警模型的效果。

3.8.5 算例分析

以河南省电力公司及其输电线路舞动防治技术国网重点实验室统计的2009—2011年的气象参数和这期间110 kV及以上电压等级输电线路的舞动记录为样本，首先使用气象参数对构建的基于SVM分类器的易舞气象条件预报模型进行验证；然后对达到易舞气象条件的区域内的输电线路，使用舞动当天的气象参数和舞动线路的结构参数，对构建的基于AdaBoost分类器的线路舞动预警模型进行验证。

3.8.5.1 易舞气象条件预测

根据河南电网2009—2011年的历史舞动数据（包括2009年11月、2010年2月、2010年11月、2011年11月共4个月份的历史舞动情况及对应的气象数据），支持矢量机的核函数选用quadratic函数，根据地区选择测试集和训练集，其中训练集为河南电网舞动多发区域的30个县（区）的舞动情况及对应的气象

数据，测试集为河南电网舞动多发区域其余的7个县（区）的舞动情况及对应的气象数据，具体见表3-17。相应的测试结果列于表3-18。

表3-17　训练集与测试集对应的区县

	市	所辖县区（气象站分布）
训练集	开封市	开封、通许、尉氏
	许昌市	许昌、长葛、鄢陵
	平顶山市	宝丰、郏县、鲁山、叶县
	驻马店市	西平、遂平、驻马店、确山、汝南、泌阳
	新乡市	辉县、延津、长垣、卫辉、新乡、封丘、获嘉、原阳
	鹤壁市	淇县
	安阳市	安阳、滑县
	南阳市	南阳、方城、社旗
测试集	周口市	太康、西华
	漯河市	漯河、临颍
	郑州市	新郑、中牟、郑州

表3-18　易舞气象条件测试结果

风险预警情况	实际发生舞动	实际未发生舞动
有预警	13	12
未预警	1	349
总预警次数：13+12=25；实际发生次数：13+1=14		
分类正确率：96.53%；预警准确率：92.86%；漏报率：7.14%；空报率：48.00%		

采用分类正确率、预警准确率、漏报率、空报率指标对测试结果进行检验，各评价指标的计算结如下：分类正确率为96.53%，预警准确率为92.86%，漏报率为7.14%，空报率为48.00%。由于正常气象条件是绝大多数的，易舞气象条件是少数的，易舞气象条件预报是在多数里面分类和预报出少数的情况，因此期望漏报率越低越好，同时可以接受适当的空报。本方法的分类正确率和预警准确率都很高（均在90%以上），漏报率较低（10%以下），虽然空报较多，但从实际情况来看，均在舞动发生的前后一天，即空报的情况处在易舞气象条件的边缘，这在工程实际中是可以很好接受的。可见，本方法具有很好的预报效果。

3.8.5.2　输电线路舞动预警

结合易舞气象条件的预报结果，以这期间220 kV输电线路覆冰舞动调查的详细数据为例，根据其中类型为220 kV电压等级、双分裂、大截面（$S>300$ mm）导线（由于记录数据缺乏线路的具体挡距，因此这里暂不分挡距大小）的舞动情况，对线路舞动预警方法的分类结果进行验证。具体为选取其中“25（舞动）+10（未舞动，指疑似发生舞动但巡线并未发现任何损害）”组数据构成训练集，“7（舞动）+5（未舞动）”组数据构成测试集。验证结果如图 3-27 所示，本方法与其他常用分类算法的效果对比见表 3-19。

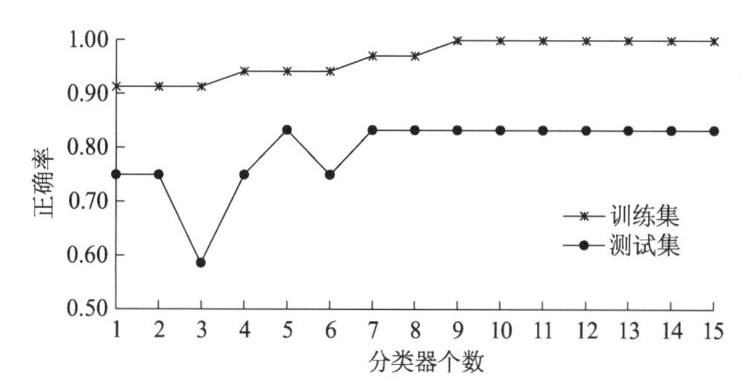

图 3-27　基于 AdaBoost 分类器的输电线路舞动预测分类效果图

表 3-19　不同分类算法的效果对比

正确率	AdaBoost 学习	Logstic 回归	单层决策树
训练集	100%	91.43%	91.43%
测试集	83.33%	75.00%	75.00%

由图 3-27 和表 3-19 可以看出，AdaBoost 学习法在河南省 220 kV 大截面分裂导线舞动样本训练集和测试集上都表现出较好的稳定性和较高的正确率，分别达到 100% 和 83.3%，与其他常用分类方法相比都有所提高，适用于输电线路舞动预警。

此外，采用 AdaBoost 学习算法的置信度来近似作为舞动发生的概率，并据此进行预警（见表 3-20）。

表 3-20　测试集上的分类结果及其置信度

序号	实际分类	学习分类	预警等级	置信度	序号	实际分类	学习分类	预警等级	置信度
1	1	1	Ⅲ	0.3762	7	1	1	Ⅰ	0.7505
2	1	1	Ⅲ	0.3762	8	-1	-1		-0.5893
3	1	1	Ⅲ	0.1919	9	-1	1	Ⅲ	0.1911*
4	1	1	Ⅱ	0.5199	10	-1	-1		-0.1334
5	1	1	Ⅰ	0.7505	11	-1	-1		-0.1334
6	1	1	Ⅰ	0.7505	12	-1	1	Ⅲ	0.3762*

注：标 * 项指该次预测分类错误（实际是 -1 的却被分类为 1）

可以看出：

(1) 测试集中分类错误的第 9、12 两组数据的置信度均较小（0.1911 和 0.3762），但是某些分类正确的数据组（如第 3、10、11 组）的置信度有可能更小。

(2) 就现有结果来看，置信度大于 40% 的数据均分类正确（这也是按表 3-15 所示设定预警等级的重要依据）。

因此，该值可作为划分处理预警目标优先度的参考标准。

第 4 章　主动式电网保护技术

4.1　引言

现代电力系统呈现出高压、大容量、远距离输电，以及交直流混联、高比例新能源接入等重要形态特征。大量电力电子设备被广泛应用在电力系统中，显著提升了电能的转换和传输效率，增强了电力系统的调控能力与灵活性。持续的电源和电网网架建设，加强了电力跨区输送、交换和灵活分配能力，为电网安全防御措施提供了更多的手段。分布式电源、分布式储能和双向负荷的涌现和接入比例不断提升，使整个电力系统“源—网—荷—储”互动耦合特性增强，提高了电网供电冗余性和调控裕度。

在提升电力系统调控裕度和调控灵活性的同时，电力系统复杂程度大幅提升，安全问题也更加突出。显著增多的运行不确定性因素、远距离跨区输电的复杂外部气象环境、交直流故障耦合传播等均给现有的电力系统保护及安全控制带来了新的挑战。因此，提升保护及安全稳定控制装置的适应性及预见性成为紧迫的要求。

以预先整定的方式应对故障和非正常运行状态下的常规继电保护已不能完全满足复杂电力系统故障保护灵敏性和选择性的要求，因此自适应保护成为应对措施之一。动态调整保护功能及整定值可更好地适应不同网络拓扑、运行工况、故障类型、负荷变化等复杂情况。当前的自适应保护研究可大致分为保护装置自适应和保护系统自适应两类。保护装置自适应是指实时在线整定功能在一定范围内改善保护动作性能的方法。保护系统自适应则更多地利用电网广域信息，采用人工智能等信息处理技术提高继电保护系统的自适应能力，可适应较大范围的系统运行方式变化。

为了防止大面积停电事故的发生，有学者提出构建坚强的“系统保护”体系，将保护对象由设备安全衍生到电力系统安全，强调继电保护技术与紧急控制措施紧密结合，使保护具有紧急控制的能力和系统的视角。也有学者针对大规模风电接入电网场景，从系统保护视角提出一种大规模风电接入电网的继电保护与控制一体化新方法。同时“系统保护”的思想在广域保护系统、特殊保护系统等系统安全稳定控制措施上均有所体现。

含大量电力电子设备的配电系统具有控制能力强的特点，有学者提出了一种基于电力电子技术的主动保护，其思路是基于电力电子变换器的拓扑结构和控制原理，将保护动作“融于”变换器控制逻辑，有效利用电力电子变换器的隔离单元和电力电子器件来实现配电系统中多种故障隔离和故障穿越，最大限度保障系统正常运行。它的实质是保护功能通过电力电子设备的控制来实现，是一种保护与控制相结合的“主动”。

高压设备在运行过程中，其可靠性水平将随时间和运行环境而改变。有学者提出提升高压设备的状态感知能力对设备的运行可靠性进行在线评估，将运行可靠性低于一定水平的高压设备实施主动隔离，使潜在故障设备有计划地退出，实现在线运行设备的“主动退出”。

在电力电子元件保护方面，关注电力电子器件的过流、过热、过压等情况，结合电力电子元器件的静电及热电物理学理论及模型，采取限流等主动式元件级保护措施来防止击穿。

上述思想已在一定程度上体现了在线感知设备状态进行主动控制的技术趋势，是改变传统保护性能、主动适应复杂电网运行方式的有效措施。实现这一思想的关键在于可靠感知设备及环境状态，在线监测技术的发展为此打下了较好的基础。

针对输电线路、变压器、断路器、换流阀等电气设备的在线监测技术研究成果显著，并已经取得了丰富的现场实际运行经验。监测模型的多元化和传感器的精密化使得在线监测技术向高智能化、高可靠性的方向发展。

针对电网监测与安全态势感知的需要，同步相量测量装置技术逐步推广，广域测量系统日趋成熟，将通过对广域时空范围内涉及电网运行变化的各类参量进行采集与分析，有效地掌握电网的安全态势，使得电网的安全管理从被动变为主动。

针对系统安全预警与风险评估的要求，薛禹胜院士等提出将气象等非电气信息引入停电防御系统，将停电防御框架拓展到对自然灾害的早期预警与决策支持，主动预测相应的电网风险并动态识别潜在的相继故障，将孤立的被动应对防御方式转变为多领域之间协调的主动应对机制。

由此可见，未来电网的安全防御系统将由过去的三道防线逐渐演变为多维度的安全风险防控体系，涵盖气象冲击、电网扰动、设备缺陷等风险源，在短中长不同时间尺度上、在设备级与系统级层面上，实施静态、动态、暂态等各种保护措施及稳定控制。在各种可能的措施之中，如何使保护与控制系统变得“主动”“智能”和“协调”，将成为继电保护技术未来的发展趋势。

本章从引发设备故障的原因、故障的发展趋势及后果差异等方面重新认识故障现象，提出研究基于输变电设备安全域的主动保护与控制方法，目标是通过获取外部气象环境及电网设备运行信息，主动感知影响电力设备本体的特征参数及其变化规律，构建输变电设备的安全域和动态安全裕度识别方法；根据设备安全域及设备运行参数偏离安全域的程度，预测故障发生或发展的趋势，在充分利用设备及电网冗余性的基础上，采取有效的控制措施阻断故障的传播过程，控制故障后果，形成在线、动态的电气设备主动保护与控制体系，以适应复杂电网安全运行的需要。

4.2　设备故障现象的再认识

4.2.1　故障原因

输变电设备（包括输电线路、电力电缆、变压器、断路器等）故障是引发电网大面积停电事故的主要源头。导致输变电设备故障的原因可分为外部原因和内部原因，如图4-1所示。

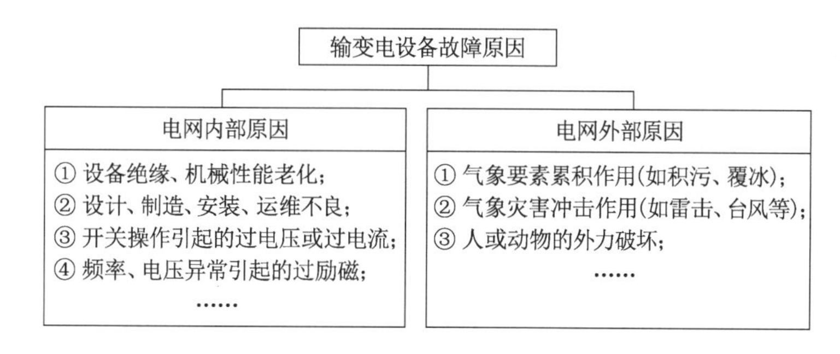

图4-1　输变电设备故障原因分类

引发输变电设备故障的内部原因包括以下几种情况：① 输变电设备绝缘、机械性能老化在运行中逐渐加剧和发展；② 输变电设备自身的内绝缘潜伏性缺陷（由于设计制造、运输、安装调试、运维不良等造成的各种缺陷）；③ 来自电网的因素（如负载水平、开关操作引起的过电压或过电流，频率异常引起的过励磁等电网异常工况）。

对暴露于大气环境之中的输变电设备，自然灾害、气象因素是造成设备故障的主要原因，主要有以下几种形式：① 气象环境的累积作用，如温度、日照的逐渐累积及不可逆过程导致导线抗拉强度损失的老化失效、积污、覆冰等因素；② 气象灾害的冲击作用，如雷击、台风、山火等对输电线的电气绝缘或物理强度的破坏而导致设备故障；此外，还包含人或动物的外力破坏等因素。

相对于传统输变电设备，电力电子设备的运行环境和运行工况更加复杂，面临高温、强辐射等环境条件，处于电压、电流大波动，高脉冲功率和强机械振动等极端运行工况。相关统计表明，光伏发电并网系统的非计划检修有37%由电力电子变换器故障引发；在交流变频驱动和风力发电系统中，电力电子设备导致的故障分别占38%和13%；由于电力电子设备大多是系统的能源转换接口，一旦装置发生故障，整个系统就会停运，其运维成本极高、停运损失极大。

电力电子设备本体故障同样可分为外部和内部原因，如图4-2所示。

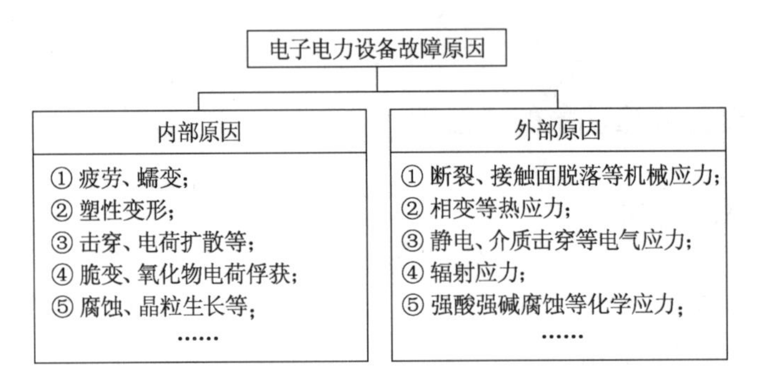

图4-2　电力电子设备故障原因分类

以大容量换流器本体故障为例，由于变流器中绝缘栅双极型晶体管（IGBT）模块封装的多层结构及异质材料的热膨胀系数不同，在反复热循环冲击下，多层材料内部疲劳损伤积累造成老化，可引发故障。

4.2.2　故障差异

针对不同类型、不同位置、不同元件的故障，其差异性主要表现在以下三个方面：

4.2.2.1　故障发生过程差异

输变电设备从正常状态发展到故障失效状态，称为故障的发生过程。故障发生过程一般分为渐进过程和突变过程。例如，变压器内部的过热、过压力和过励磁属于早期渐变故障，发生过程缓慢，可借助在线监测等手段识别并找出原因，采取合适措施抑制故障的发生；变压器绕组短路、铁芯故障和外部系统短路引发的过流等情况属于突变型过程，必须迅速感知和判断故障，快速地将故障隔离，从而将变压器的损坏程度降至最小。

4.2.2.2　故障后果差异

故障后果不仅指设备的损坏程度，也包括对电网安全运行的影响程度。故障后果的影响范围及程度可分为大范围扩散型和小范围单一型。例如，架空线路与电缆发生的故障后果影响可能不同；高压电缆沟内往往有多条电缆，相对密闭的空间使得一条电缆出现故障后，往往引起电缆沟起火，甚至爆炸，可能殃及多条电缆。大电网中不同输电线路的故障后果可能也有差异，轻载线路引发大范围连锁故障的风险小，重载线路引发连锁故障的风险大。

4.2.2.3　故障恢复差异

不同类型的故障恢复时间不同。例如，雷击闪络造成的线路跳闸，重合闸成功率高，故障恢复时间短；山火导致的跳闸重合闸成功率低，需要等到山火扑灭后才能恢复送电，故障恢复时间较长；而严重的台风、重覆冰情况下，导线、地线及金具等常常会受损，故障恢复时间更长且恢复难度大。有文献针对某省电网 500 kV 线路受气象灾害因素影响的停运时间进行了统计分析，雷电情况下线路平均停运时间为 0.184 h；山火导致的线路平均停运时间为 3.771 h；严重冰雪情况下平均停运时间则长达 6.869 h。

在上述导致故障发生的不同因素积聚过程中，以及故障发生后的设备安全参量变化过程中，需注意不同时间尺度下如何实现各种参量的感知和预测。

4.2.3　故障可预测性与可控性

利用在线监测提前发现设备可能出现但还没到临界点的故障，可对部分输变电设备进行早期故障预测。利用气象预报信息对设备遭受雷击、暴雨、台风、覆冰等灾害的可能性进行预判，有可能预测输电线路的故障事件。故障的渐进发展过程为保护与控制系统阻断故障留出了宝贵时间，可充分加以利用。

4.3　设备安全状态演化过程及安全域

通常在破坏性故障发生之前，设备就已经进入风险状态运行，故障风险具有趋势性和累积效应。以电力变压器为例，其某时刻各种油中气体含量（或一种气体相对另一种气体的比值）、产气速率、温度，以及温度变化速率反映了变压器设备安全状态及其变化趋势，利用油中气体特征，可超前判定变压器的部分故障可能性，表征变压器故障演变过程，进而根据变压器的状态进行系统调控决策，例如控制变压器潮流，或评估变压器退出对系统安全的影响，寻找合适的安全退出时机。

输变电设备安全状态向故障状态的演变过程如图 4-3 所示。把握设备故障的演变过程为主动干预故障提供了可能。

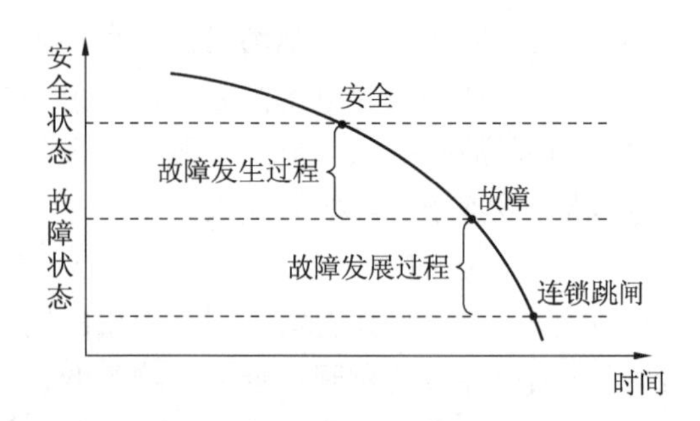

图 4-3　输变电设备安全状态向故障状态的演变过程

电力系统的安全包括设备安全和系统安全两层含义，其中设备安全是系统安全的约束条件。输变电设备的安全状态由保障其实现规定功能的各种物理、化学参数所标定。为实时感知影响输变电设备安全的特征参数及其变化规律，引入输变电设备安全域的概念，如图 4-4 所示。

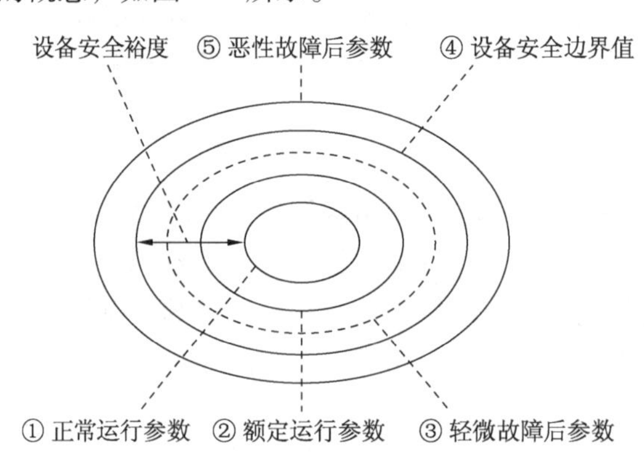

图 4-4　输变电设备安全域示意图

电网在额定运行、轻微故障、恶性故障等不同运行状态下，表征输变电设备安全的特征参数值均有所不同，且参数繁多，通常难以用平面参数来表达设备参数的安全区间。为此给出一般性定义：输变电设备安全域是指设备本体介于保持输变电能力与失去输变电能力状态之间的参数空间，也就是图 4-4 中简化表示的边界④所包络的区域。

输变电设备安全裕度是指设备当前运行状态到其失去输变电能力之间的参数变化范围。在失去输变电能力之前，无论是正常运行还是轻微故障，输变电设备的状态和参数离其安全边界（边界④）尚有一定距离。

输变电设备安全耐受时间，即设备从当前运行状态过渡到安全边界所需的时间。输变电设备的安全裕度与其历史运行状态有关，也与故障发生、发展过程中各种参数的演变方式有关，具有动态变化的特征。

在相关特征参量空间中，根据设备的实时运行状态点到安全域边界的距离可以衡量当时设备的安全程度，定量化给出安全裕度，进而可以由安全裕度的大小和变化速率制定最优的保护与控制措施。

构建输变电设备安全域与动态安全裕度模型需要通过大量的运行数据与试验测试来辨识设备动态过程中的参数变化特性，以准确把握设备特征参量偏离安全临界值的程度和趋势（即设备安全域的时间特征与空间特征），确保设备安全域的合理划分，为后续的主动保护与控制提供决策依据。依据电气设备及其所处环境的复杂性，设备动态安全裕度模型具有不同的复杂性。

4.4　电气设备主动保护与控制策略

4.4.1　继电保护的主动性体现

4.4.1.1　自适应保护

常规继电保护通常按一次系统的最大运行方式和最小运行方式两种边界进行整定值设计与灵敏度校核，虽然保证了安全性，但是也可能牺牲反应故障的灵敏性。合理的做法就是在线识别一次系统的网络拓扑，在线修改整定值或选择动作方程以提升灵敏性，如此将使继电保护具有一定的自适应能力，使得保护应对可能发生的故障时具有一定的“主动性”。图 4-5 为自适应保护总体框架。

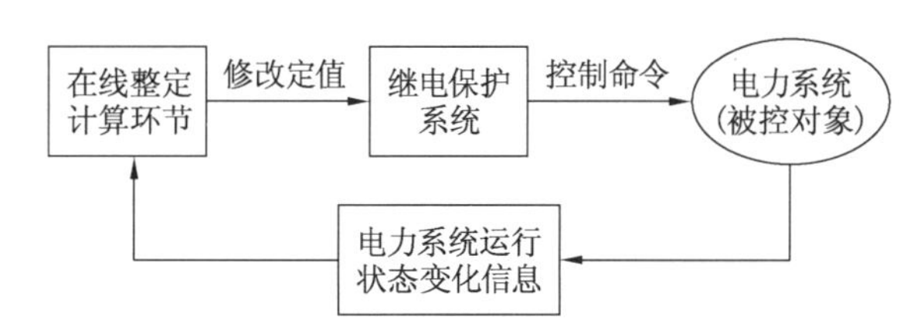

图 4-5　自适应保护总体框架

4.4.1.2　系统保护

系统保护从电力系统整体安全性的角度出发，将消除故障影响而不是简单隔离故障电气设备作为首要目标，核心是快速维持系统的功率平衡，保证系统安全稳定运行。扰动情况下的系统在线全局安全分析与计算所需的海量信息获取困难、计算的快速性要求也难以满足，因此在构建系统保护策略时，需要对电力系统可能的拓扑及元件组合方式进行预先分析或准实时计算，构建预想事故集，扰动发生后将扰动状态与预想事故集进行匹配以快速选择控制决策，通过调节或切机、切负荷、改变网络拓扑等措施快速维持能量平衡。系统保护的这种“离线分析、在线匹配”的控制决策方法也具备了一定的预判性，体现了一定的“主动性”。图 4-6 为系统保护控制决策框架。

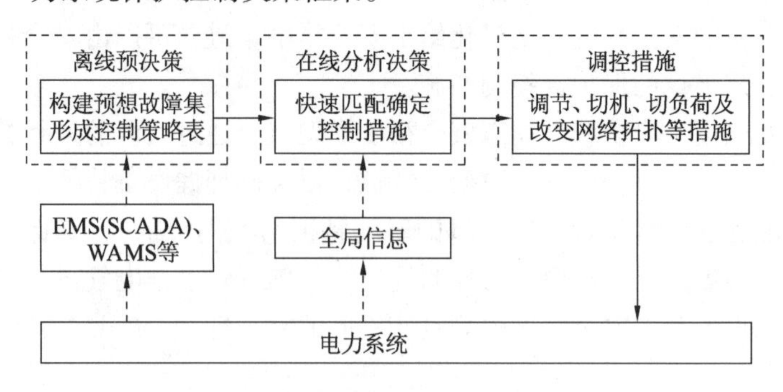

图 4-6　系统保护控制决策框架

4.4.2　主动保护与控制的目标及定义

由此可见，自适应保护及系统保护均会跟踪系统的网络拓扑及运行状态，并对在此状态下发生的故障后果进行预判，预先准备好应对策略，具有一定的主动性。但它们本质上仍是基于故障或扰动的触发启动方式，是一种基于事件驱动的“被动式保护”，不能及时预测故障及其发展路径。

此外，现有保护的整定值仅考虑到故障与正常的区分，尚无法分析故障时被保护设备的承受力，更无法评价故障对设备冲击的影响程度，难以实现设备安全与系统安全的统一。

如果能采取主动式的保护与控制，充分利用电力系统的供电冗余性和灵活调控特性，在故障发生前能够提前感知并采取主动措施应对，则可以避免故障发生、降低故障危害，达到对故障风险的“大事化小，小事化无”的效果，并与系统保护共同形成更加严密的安全防线，使保护系统从被动应对转向全面主动智能防控。在保证系统运行安全的前提下，构建主动保护与控制体系需要充分掌握和挖掘设备安全裕度，对故障发生前、发展中及故障后恢复的整个演变过程进行全面的管控。

为此，可将电气设备主动保护与控制在整体上划分为如图 4-7 所示的三个过程：内外故障预测、故障发展监视和故障后果管控。对于可预测的故障，通过获取电网运行信息和外部气象信息，感知电气设备的运行状态及设备运行环境，进行故障预测；对于已发生或无法预测的故障，通过电网调度系统和保护系统的双向互动和交互作用，实施故障干预和管控。

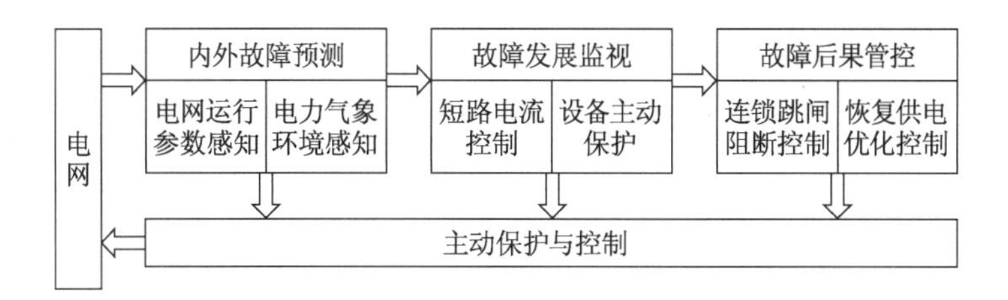

图 4-7　主动保护与控制的总体框架

将电气设备主动保护与控制定义如下：实时感知与辨识输变电设备安全域及安全裕度，具备输变电设备故障发生趋势的预测、发展过程的监视，以及发展后果的评判能力，并针对相应环节采取预警、预控、隔离与优化调控等措施的策略和方法。

本章所述的主动保护概念与已有技术的不同之处在于：第一，关注引发设备故障的因素（包括电气量与非电气量）并采取合适措施避免故障发生；第二，关注设备自身的冲击承受能力及其演变，并将其作为系统安全控制措施的约束条件，由此可能将过去系统安全控制措施中的固定约束改变为动态约束；第三，掌握设备的动态安全裕度并加以利用，在系统紧急状态下可更充分地利用设备的安全资源或更清楚地知道控制行为的后果而避免故障扩散。

4.4.3　主动保护与控制的功能架构

输变电设备的安全域与动态安全裕度在线辨识、预测是主动保护与控制的基础，贯穿于故障前预测、故障预警、故障期间调控和故障后果管控的调度与控制流程中。主动保护与控制的具体功能架构如图 4-8 所示。

以构建输电线路主动保护为例，可按下述思路构建其主动保护，具体方案示意见图 4-9。根据气象灾害是造成架空输电线路故障的主要原因这一统计规律，利用外部气象信息与电网内部状态感知，预测故障发生概率并通过电网调度采取主动避险措施；对已发生故障则可在线辨识其他输电断面的线路安全耐受能力，充分利用输电线路的安全耐受时间，为系统保护的实施提供时间依据，有利于阻断故障的蔓延。

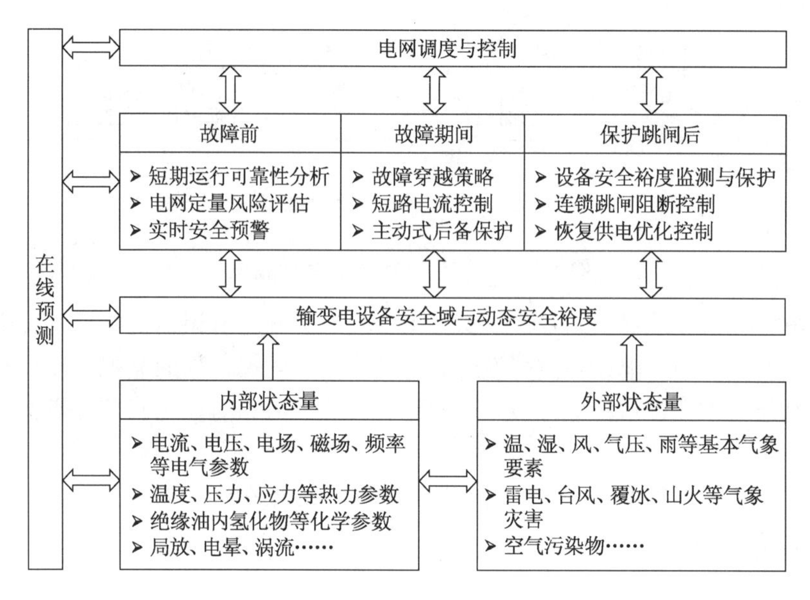

图 4-8　主动保护与控制的功能框架

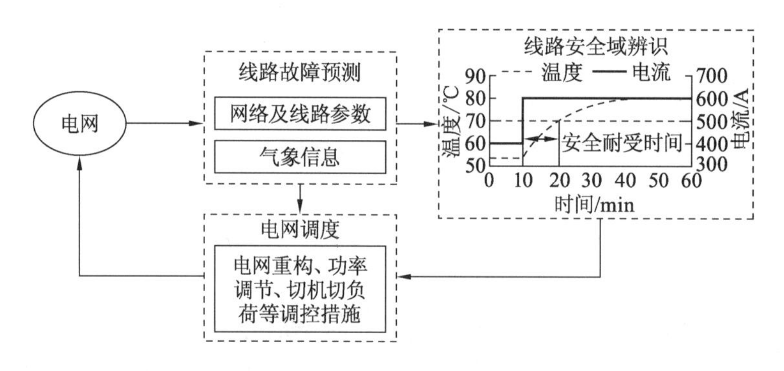

图 4-9　输电线路主动保护与控制方案

4.4　构建主动保护与控制所需的关键技术

主动保护与控制涉及多方面的理论与技术支撑，从电网故障发生发展的演变及管控的角度将其归纳为主动感知与预测技术、安全域建模与动态辨识技术、主动保护与协同控制技术三个部分。

4.4.1　主动感知与预测技术

主动保护与控制更需要关注和感知各种不确定性因素下的状态变化特性，如电网网架结构改变、元件切除或投入等带来的扰动，外部灾害因素等，因此主动感知与预测技术涵盖了传感器技术、数据采集与通信，以及设备故障预测技术。

4.4.1.1 设备内部状态量实时感知技术

主动保护需要及时准确地把握输变电设备状态，而输变电设备状态参数众多，其变化与电网运行、气象环境等因素密切相关，亟须采用有效的大数据技术对大量的相关数据进行挖掘分析和信息提取。对于输变电设备内部状态量，则需构建精细化测量体系。例如，将状态传感器主动融入一次设备的智能设备中，要发展数据挖掘技术、非线性时变状态量的高效分析技术。

4.4.1.2 设备外部状态量实时感知技术

对于输变电设备复杂多变的外部状态量，则需要发展输电廊道微气象站与全局气象观测数据相融合的精细化气象预报技术、降尺度及集合预报（概率预报）技术、基于天气雷达的短临气象灾害预警技术、多源气象信息的大数据融合技术等。

4.4.1.3 故障预测技术

主动保护与控制的关键环节是故障预测，即针对具有时间发展过程的趋势性故障或具有累积效应的故障，结合设备的自身特性、参数、环境条件、历史数据，对设备未来的安全状态进行预测。预测的关键技术包括：① 基于物理模型的预测技术，如观测器、滤波器、参数估计、频域预测等；② 基于数据驱动的预测技术，如专家系统、神经网络、贝叶斯网络等；③ 基于统计可靠性的预测技术，如灰色预测模型、马尔可夫预测模型等；④ 基于机器学习/人工智能 + 机理分析的预测技术等。

4.4.2 安全域建模与动态辨识技术

4.4.2.1 设备安全域与动态安全裕度建模技术

需要深入研究输变电设备安全域的表征方法及特征量的量化分析方法，研究输变电设备电—磁—热—力多物理场耦合分析与建模方法，以及输变电设备安全域演变规律及趋势预测方法。

4.4.2.2 复杂条件下安全域动态辨识与跟踪技术

需要发展多源、异质、广域、海量信息的快速分析计算技术，以实现模型的快速辨识与跟踪。

4.4.3 主动保护与协同控制技术

主动保护既需要预测故障，在故障前主动采取控制措施，降低故障发生率，更需要关注无法预测或已发生的故障，充分利用设备本体的安全承载能力与系统安全承载能力之间的关系，主动阻断故障蔓延或缩小故障的影响范围。在已知设备安全承载能力的基础上，采用协同控制手段将是有效阻断故障蔓延的有效措施。大量电力电子设备为实施广域协同控制提供了可行手段。

4.5 主动保护与控制的可行性分析

目前，输变电设备状态监测技术的快速发展，现代电力系统存在的供电冗余性与调控灵活性，以及电力系统高级预测技术都为主动保护与控制体系的构建提供了可能。

4.5.1 输变电设备在线监测技术提供手段

在线监测技术使输变电设备运行参量的“捕捉”成为现实。输变电设备的电气、机械性能可通过其运行时产生的各个参量来评定，参量涉及电、磁、热、声、光、力、化学等多种类型。针对变压器、断路器、气体绝缘金属封闭开关设备（GIS）、电缆等主要一次电力设备，目前均已有较全面的监测方式；变电站向智能化方向的发展，也使得对继电保护测量回路、通信网络等二次设备的在线监测技术得到快速发展。各类传感器及监测方法的应用使输变电设备产生的各类型参量得以被实时“捕捉”，为进一步评价设备内部状态提供了支撑。

状态评价与故障诊断技术为输变电设备内部状态感知提供了工具。处理非线性问题的神经网络、适用于小样本条件的支持矢量机、针对不确定性问题的模糊理论方法、可描述系统动态行为的 Petri 网等在内的各类智能算法与计算机技术的发展，为输变电设备的状态评价及故障诊断提供了有效途径，使主动感知输变电设备的内部状态成为可能。

精细化气象预报为输变电设备外部环境变化趋势预测创造了条件。在能源互联技术蓬勃发展及电网规模日益扩大的背景下，以生产、运行为主的电网运行各个阶段对气象信息的需求有增无减，面向电网的精细化气象预报已成为电力、气象两个领域的热点问题。随着现有地面气象观测网的不断完善，以及数值预报、降尺度、滚动更新订正等气象技术和计算机技术的不断发展，气象预报服务由传统的面向公众转变为面向电网行业已成为可能。预报对象由传统的大区域，到聚焦于微气象区、电网线路沿线乃至重要电力设备；预报时间分辨率由传统的天（d）、小时（h）级，到更精细的小时（h）、分钟（min）级成为可能。目前气象部门向电力部门提供专业气象预报，部分预报区域水平分辨率已可精确至 1 km×1 km，时间分辨率已可达到 10～15 min。气象技术的发展为各类环境下感知与监测输变电设备外部状态提供了有效途径。

4.5.2　电力系统的冗余性提供实施空间

4.5.2.1　输变电设备的供电冗余性

输变电设备在投运前设计阶段，大多充分考虑了极端运行环境等因素的影响，给设备供电能力预留了一定的裕度，即电力设备具有一定的过载耐受能力。例如，中国架空输电线路额定载流对应的容许温度通常设定为70 ℃，而实际上在不同运行环境下可容许的载流能力可能远超其设计载流能力。

4.5.2.2　输电网络的冗余性与调控灵活性

多年持续的电网建设，使中国电网网架结构得到很大增强。当元件故障风险高时，其可短时退出而不会影响用户的供电可靠性。直流输电、灵活交流输电装备的应用，使大规模电力电子装备得以应用于电力系统。电力电子器件开关速度快、控制能力强，可有效执行主动保护与控制任务。大容量的备用电源、调峰调频电厂、分布式微电网的投入，提高了紧急状态下的供电冗余性和调控裕度。

第5章 主动式电网检修技术

5.1 引言

投运后的变电设备在运行过程中受自身及外在因素的影响，可靠性会随运行时间的推移而降低。变电设备可靠性的降低将增大电网的停电风险，因此需要对变电设备择机开展检修工作。如何更为有效地提高变电设备的检修管理水平和检修决策的科学性，是运行检修人员目前在日常工作中亟待解决的重点和难点。

目前，电力企业当前实行针对变电设备的检修制度主要以定期检修、事后检修为主，状态检修也在逐步地开展。事后检修是指设备发生故障而丧失功能时必须开展的检修，是一种被动的、也是电网最早采用的检修方式。为了让变电主设备尽快恢复运行，一般只针对故障部件进行检修，这样不仅存在人身及设备安全风险，还可能出现检修不足现象。定期检修是按照检修规程所制定的检修周期开展的检修。这种检修方式在保证重要设备正常运行方面发挥了重要作用，能直接防止设备发生故障或有效延迟设备故障的发生。但是，定期检修存在一定弊端，其检修周期的制定没有根据设备实际运行的工作状况，且固定的检修周期往往容易造成设备“检修不足”或“检修过度”。

随着传感技术、数字信号处理、计算机应用等技术的发展及其在电网设备在线监测中的应用，变电设备状态检修技术逐渐开展并取得了迅猛发展，如今已经是电力行业中的研究热点。状态检修是通过监测某些状态量，实时掌握变电设备的运行状况，在其故障率升高到一定程度或在即将发生故障前开展检修，因此该检修方式能准确地把握变电设备的检修时机。但是，监测装置采集的实时监测数据的精度和稳定性会受到其恶劣工作环境的影响，与离线实验所测得的数据相比较，状态监测数据的波动会较大，而且状态检修技术还不是十分成熟，没有考虑到检修工作对整个电网可靠性的影响。

随着电网规模的逐步扩大，变电设备故障引起的事故范围及损失也将增大。为了实现电网供电的安全性与可靠性，变电设备的运行可靠性要求将越来越严苛。如何科学地安排变电设备的检修工作，不仅关系运行检修人员的工作效率，还将影响电网运行的可靠性。因此，在变电设备的检修决策过程中，同时兼顾设备及电力系统的可靠性受到越来越多的重视。

本章基于可靠性理论对变电主设备及其部件的检修管理过程中何时检修和如何检修这两个关键问题进行了深入研究。针对已实施和未实施状态检修的情况，分别建立设备可靠性评估方法，判断设备是否需要检修；针对如何检修，提出了部件检修级别决策方法和检修顺序决策方法。由于老化、磨损、腐蚀、冲击等变电设备自身或外界的因素，变电主设备的可靠性水平随着时间的推移而逐渐降低，发生故障在所难免。因此，从现实层面上，能有效提高设备检修管理水平和检修决策的科学性，并在检修作业时保证电网的可靠性水平；从理论层面上，基于可靠性理论对变电主设备检修决策方法的研究，可以丰富和完善可靠性及检修相关的理论和方法，将现实中的检修管理过程转化为实际有效的数学模型，进一步从理论上寻求最优的变电主设备检修方法与策略。

5.2　基于历史数据的变电主设备例行检修决策方法

变电设备可靠性的降低将增大电网的停电风险，因此需要择机对变电设备开展检修工作。首先需要对变电设备的可靠性进行评估，由于全面实施状态维修的价格较为昂贵，且技术还没有完全成熟，因此对未实施状态维修的变电主设备而言，在可靠性评估的过程中量化维修工作对变电主设备可靠性的影响是技术关键。

在工程实际中，对于单次维修而言，变电设备的维修工作受到各种客观因素影响，只有有效地控制外部各种影响因素，才可以确保变电设备维修效果稳定。因此，针对没有开展状态维修的变电主设备，提出一种计及维修过程随机性的变电主设备可靠性评估方法，并在此基础上提出基于动态时间窗口的维修周期优化方法，决策变电主设备的例行维修。

5.2.1　基于威布尔分布的变电主设备故障率模型

5.2.1.1　设备常用的故障率分布函数

常用的概率分布主要有二项分布、泊松分布、指数分布、正态分布、对数正态分布、威布尔分布等，其中二项分布、泊松分布属于离散型分布，其余分布属于连续型分布。

（1）离散型分布

① 二项分布

二项分布表示的是 n 次独立重复试验中成功次数的概率分布。这一概率分布对应的试验是由 n 次独立试验组成的，单次试验只会出现两种可能：成功或失

败，其概率分布函数为

$$P(X=x)=\frac{n!}{x!\ (n-x)!}p^{x}q^{n-x},\ 0<x<n \tag{5.1}$$

式中，x 表示成功的次数；p 表示成功的概率；q 表示失败的概率，且 $p+q=1$。

二项分布的累积分布函数为

$$P(X\leqslant a)=\sum_{i=0}^{a}P(X=x_i)=\sum_{i=0}^{a}\frac{n!}{i!(n-i)!}p^{i}q^{n-i} \tag{5.2}$$

式中，a 表示成功次数。

② 泊松分布

泊松分布常用来表示给定时间内随机事件发生次数的概率分布，其概率分布函数为

$$P(X=x)=\frac{\mathrm{e}^{-\lambda}\lambda^{x}}{x!},\ x=0,1,2,\cdots \tag{5.3}$$

式中，λ 是泊松过程的强度参数，表示在给定时间内随机事件发生次数的期望。

泊松分布的累积分布函数为

$$F(x)=P(X\leqslant x)=\sum_{i=1}^{x}\frac{\mathrm{e}^{-\lambda}\lambda^{i}}{i!} \tag{5.4}$$

（2）连续性分布

① 指数分布

指数分布由一个期望均值参数所确定，因此，在电力系统可靠性评估中，若故障率为常数或与时间无关，可利用指数分布表示。指数分布的概率密度函数为

$$f(x)=\lambda\mathrm{e}^{-\lambda x},\ x>0 \tag{5.5}$$

式中，λ 为故障率参数。

指数分布的累积分布函数为

$$F(x)=P(X<x)=1-\mathrm{e}^{-\lambda x},\ x>0 \tag{5.6}$$

② 正态分布

正态分布是一个具有典型的对称性的连续分布，因此该分布的均值、中位数和众数具有相同的数值，其概率密度函数为

$$f(x)=\frac{1}{\sigma\sqrt{2\pi}}\mathrm{e}^{-\frac{(x-\mu)^2}{2\sigma^2}} \tag{5.7}$$

式中，μ 为位置参数；σ 为尺度参数。

正态分布的累积分布函数为

$$f(a)=P(X\leqslant a)=\int_{-\infty}^{a}f(x)\mathrm{d}x=\int_{-\infty}^{a}\frac{1}{\sigma\sqrt{2\pi}}\mathrm{e}^{-\frac{(x-\mu)^2}{2\sigma^2}} \tag{5.8}$$

③ 对数正态分布

对数正态分布在某种意义上来说可以看作是正态分布的一种特殊情形，其概率密度函数与正态分布类似：

$$f_X(x)=\frac{1}{x\sigma_l\sqrt{2\pi}}e^{-\frac{(\ln x-\mu_l)^2}{2\sigma^2}} \tag{5.9}$$

式中，μ_l 为位置参数；σ_l 为尺度参数。

正态分布的位置参数 μ 与对数正态分布的位置参数 μ_l 之间的关系为

$$\mu=e^{\mu_l+\frac{1}{2}\sigma_l^2} \tag{5.10}$$

对数正态分布的累积分布函数为

$$F_X(x)=P(X\leqslant x)=\int_0^x\frac{1}{x\sigma_l\sqrt{2\pi}}e^{-\frac{(\ln x-\mu_l)^2}{2\sigma^2}} \tag{5.11}$$

④ 威布尔分布

威布尔分布可以很好地对单调变化的故障率进行拟合。这个分布没有特定的曲线形状，随着函数中的参数值不同可以构成多种分布的表达，其概率密度函数为

$$f(t)=\frac{\beta}{\eta}\left(\frac{t}{\eta}\right)^{\beta-1}e^{-\left(\frac{t}{\eta}\right)^\beta} \tag{5.12}$$

式中，β 为形状参数；η 为尺度参数。

威布尔分布的累积分布函数为

$$F(t)=1-e^{-\left(\frac{t}{\eta}\right)^\beta} \tag{5.13}$$

5.2.1.2　基于威布尔分布的变电主设备故障率模型

故障分布类型是多种多样的，通常某种类型的分布函数对于有相似的故障发生机理的设备具有通用性。大量专家学者的研究和电网运行人员的统计分析表明，变电主设备故障率的变化趋势符合传统的“浴盆曲线”，如图 5-1 所示。

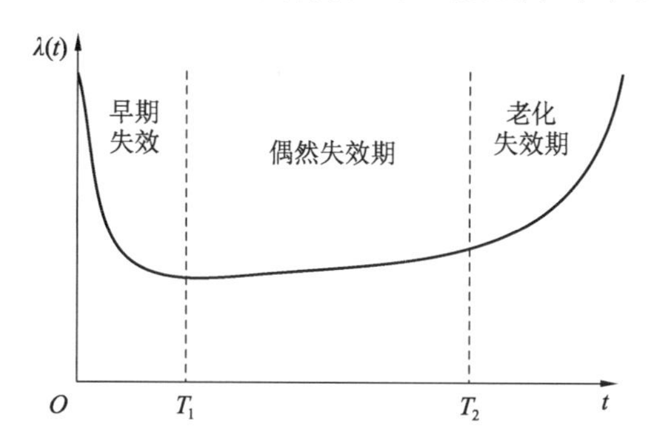

图 5-1　设备故障率的典型浴盆曲线

第一阶段：早期失效期。

在 T_1 时刻之前，变电设备的故障率非常高且故障率快速下降，该时期为早期失效期。该阶段故障通常是因为变电设备制造缺陷、安装不当等出厂因素导致的。

第二阶段：偶然失效期。

在 T_1 和 T_2 时刻之间，变电设备的故障率为常数，期间出现偶然性故障。这一阶段为偶然失效期。

第三阶段：老化失效期。

在 T_2 时刻之后，变电设备开始步入老化阶段，其故障率也快速增大。这一阶段为老化失效期，故障率逐渐增大。

威布尔分布是发明了球轴承和电锤的 Walloddi Weibull 于 1939 年提出的一种连续型分布。该分布在可靠性分析中应用很广泛，可以很好地对单调变化的故障率进行拟合。威布尔分布的故障率函数定义为

$$\lambda(t)=\frac{\beta}{\eta}\left(\frac{t}{\eta}\right)^{\beta-1} \tag{5.14}$$

式中，$\beta<1$ 表示故障率下降，即早期失效期；$\beta=1$ 表示常数故障率，即偶然失效期；$\beta>1$ 表示故障率上升，即老化失效期；η 为威布尔分布的尺度参数。

5.2.2 计及检修过程随机性的变电主设备可靠性评估方法

5.2.2.1 变电主设备的可靠性评估指标

假设变电主设备从某一时刻 t_0 起至失效的无故障工作时间记为 T，是一个随机变量，其故障概率密度函数记为 $f(t)$。随机变量 T 的期望值即平均无故障工作时间记为 $MTTF$，该期望值反映了变电主设备失效前平均能够正常工作时间的长短。变电主设备当前的可靠性状态越好，当前状态下的 $MTTF$ 就越长。因此，选取 $MTTF$ 来表征变电主设备的可靠性水平，可知 $MTTF$ 即为运行时间 t 的期望值 $E(t)$，则有

$$MTTF=E(t)=\int_{t_0}^{+\infty}(t-t_0)f(t\mid t_0)\,\mathrm{d}t \tag{5.15}$$

$$f(t|t_0)=\lambda(t)\cdot R(t|t_0)=\lambda(t)\cdot\frac{R(t)}{R(t_0)} \tag{5.16}$$

式中，$R(t)$ 为可靠度函数。

由威布尔分布可知，

$$f(t)=\lambda(t)\cdot R(t) \tag{5.17}$$

由式（5.15）、（5.16）及（5.17）可得

$$MTTF = \int_{t_0}^{+\infty} (t - t_0) \frac{\lambda(t) \cdot R(t)}{R(t_0)} \mathrm{d}t = \frac{1}{R(t_0)} \int_{t_0}^{+\infty} (t - t_0) f(t) \mathrm{d}t \quad (5.18)$$

当然，式（5.18）还可以进一步表示为

$$MTTF = \frac{1}{R(t_0)} \int_{t_0}^{+\infty} (t - t_0) f(t) \mathrm{d}t = \frac{\int_{t_0}^{+\infty} R(t) \mathrm{d}t}{R(t_0)} \quad (5.19)$$

5.2.2.2 维修对变电主设备可靠性的影响分析

当变电主设备运行过程中发生故障而导致功能丧失无法正常工作时，需要对其开展临时性的维修，目的是尽快恢复变电主设备的功能，维修后认为变电主设备性能只能修复至故障前工作状态，属于最小维修；预防性维修对变电主设备性能有一定提升，其修复效果往往介于修复如新和最小维修之间，如图 5-2 所示。

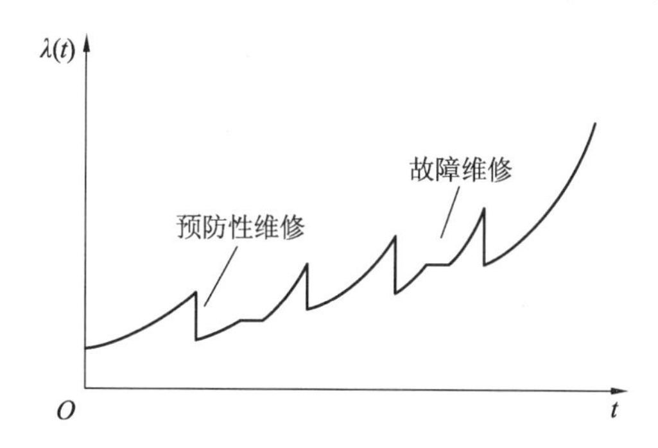

图 5-2 维修对故障率的影响

Dedopoulos L T 和 Smeers Y 提出役龄回退因子的概念，认为设备维修后可靠性有所回升，回升至历史运行的某一状态，等效于服役年龄有一定的回退，因此维修即为服役年龄的更新，称为设备的等效役龄。但固定不变的历次役龄回退因子掩盖了随着设备实际役龄及维修次数的增加对维修效果的影响。在此基础上，有学者考虑随着维修次数的增加，逐渐减小役龄回退因子，用于研究可修复系统的维修优化，以便更好地反映随着维修次数的增加，修复能力逐渐下降的大体趋势。

然而，在工程实际中，设备在单次维修工作受到六类因素的影响，即通常所说的“5M1E”：操作者（Man）、设备（Machine）、材料（Material）、方法（Method）、检测（Measurement）和环境（Environment）。只有有效地控制这六类因素，才可以保证设备维修质量的稳定。当然，随着维修次数的增加，设备修复能力逐渐下降，历次维修的役龄回退因子的调整可以反映这一趋势（见图 5-3），但是对单次维修应用役龄回退法时，采用固定的回退因子忽略了维修过程中不确定性因素的影响，因此单次维修的役龄回退量并不是一个固定的常数。尽管役龄回退法简化了计算，但是并不是十分准确，在维修决策中考虑变电主设备单次维修中的随机性影响将更符合工程实际。

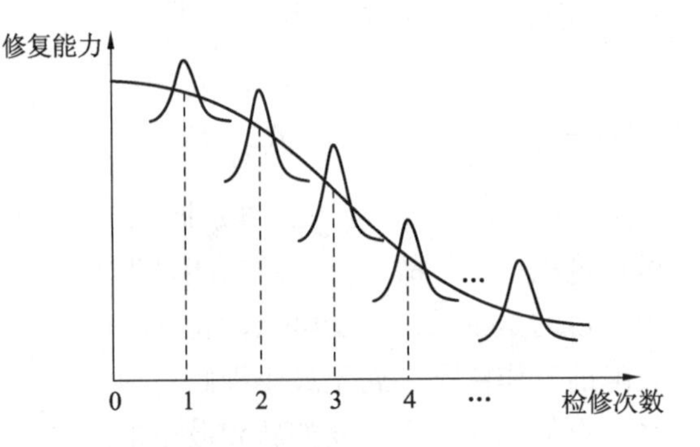

图 5-3　设备修复能力随时间变化图

5.2.2.3　计及维修随机性的变电主设备可靠性评估

为了便于分析变电主设备的维修工作对其无故障工作时间 T 的影响，用 t_i^- 表示维修的起始时刻，t_i^+ 表示维修结束的时刻，T_i^+ 表示 t_i^+ 时刻变电主设备的无故障工作时间，$f_i^+(t)$ 表示 T_i^+ 的概率密度函数，T_i^- 表示 t_i^- 时刻变电主设备的无故障工作时间，$f_i^-(t)$ 表示其概率密度函数，则有

$$f_i^-(t)=\lim_{\Delta t\to 0}\frac{P(t\leqslant T_i^-\leqslant t+\Delta t\mid T_i^->0)}{\Delta t} \tag{5.20}$$

如图 5-4 所示，U_i 为第 i 次维修后变电主设备无故障工作时间的变化量，是一个随机变量，用 $y_i(u)$ 来表示其概率密度函数。

t_i^+ 时刻变电主设备的失效前工作时间为

$$T_i^+=T_i^-+U_i \tag{5.21}$$

第 i 次维修起始时刻，变电主设备失效前工作时间 T_i^- 为

$$T_i^-=T_{i-1}^+-(t_i-t_{i-1}) \tag{5.22}$$

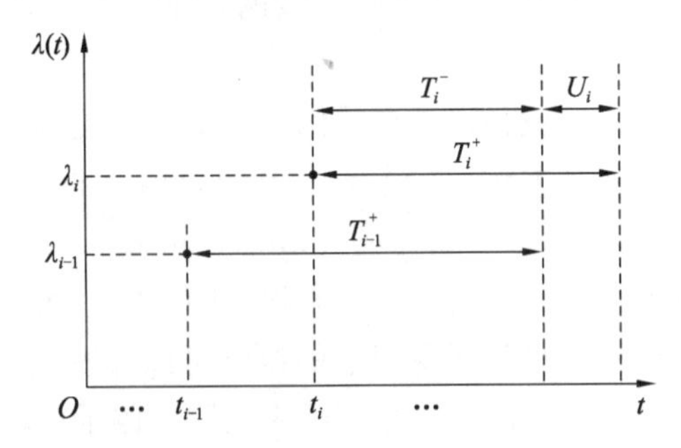

图 5-4　维修后变电主设备平均无故障工作时间变化

可得

$$T_i^+ = T_{i-1}^+ + U_i - (t_i - t_{i-1}) = T_{i-1}^+ + U_i - \tau \tag{5.23}$$

式中，τ 为相邻两次检修的间隔时间。

令 $G_{i-1} = T_{i-1}^+ + U_i$，其概率密度函数记为 $g_{i-1}(t)$，则第 i 次维修结束时刻，无故障工作时间 T_i^+ 的概率密度函数为

$$\begin{aligned} f_i^+(t) &= \lim_{\Delta t \to 0} \frac{P(t \leqslant T_i^+ \leqslant t + \Delta t \mid T_i^+ > 0)}{\Delta t} \\ &= \lim_{\Delta t \to 0} \frac{P(t \leqslant T_i^+ \leqslant t + \Delta t) / P(T_i^+ > 0)}{\Delta t} \\ &= \lim_{\Delta t \to 0} \frac{P(t + \tau \leqslant G_{i-1} \leqslant t + \tau + \Delta t \mid T_{i-1}^+ > 0)}{P(G_{i-1} > \tau \mid T_{i-1}^+ > 0) \cdot \Delta t} \end{aligned} \tag{5.24}$$

假设 T_{i-1}^+ 与 U_i 是相互独立的，由概率论知识可知，两个独立随机变量和的概率密度函数为这两个概率密度函数的卷积，则有

$$g_{i-1}(t) = \int_0^{+\infty} f_{i-1}^+(t - u) \cdot y_i(u) \mathrm{d}u \tag{5.25}$$

因此，将式（5.25）代入式（5.24）中可得

$$f_i^+(t) = \frac{g_{i-1}(t + \tau)}{\int_0^{+\infty} g_{i-1}(t + \tau) \mathrm{d}t} = \frac{\int_0^{+\infty} f_{i-1}^+(t + \tau - u) y_i(u) \mathrm{d}u}{\int_0^{+\infty} \int_0^{+\infty} f_{i-1}^+(t + \tau - u) y_i(u) \mathrm{d}u \mathrm{d}t} \tag{5.26}$$

于是，如果已知初始剩余无故障工作时间的概率密度函数 $f_0(t)$ 及 $y_i(u)$，则可以递推求得任意维修周期内剩余无故障工作时间的概率密度函数，并可得到变电主设备在 t_i^+ 时刻的累积故障分布函数为

$$F_{t_i^+}(t) = \int_0^t f_i^+(t) \mathrm{d}t \tag{5.27}$$

那么 t_i^+ 时刻变电主设备平均无故障工作时间 $MTTF$（t_i^+）为

$$MTTF(t_i^+) = E[T_i^+ \mid T_i^+ > 0] = \int_0^{\infty} t f_i^+(t) \mathrm{d}t \tag{5.28}$$

5.2.3 基于动态时间窗口的检修周期优化

5.2.3.1 基于动态时间窗口的维修策略分析

变电主设备的平均无故障工作时间仅为一个维修的期限值，即最大维修期限，不能具体表征何时维修可使变电主设备的可靠性与经济性综合最佳，所以可以将平均无故障工作时间作为优化时间窗口优化求解维修周期，并动态更新下一个维修时间窗口。

变电主设备运行过程故障率的变化示意图如图5-5所示，设备从零时刻开始投入运行，平均无故障工作时间为 $MTTF$（t_0），以0～$MTTF$（t_0）时间段为第一个维修优化时间窗口，定期对设备进行预防性维修。假设维修周期为 τ_1，由于维修次数是整数值，因此以第一个维修优化区间内最后一次维修结束时刻计算此时的平均无故障工作时间作为第二个维修优化时间窗口。当计算下一个维修优化时间窗口时，若 $MTTF$ 小于一定的下限值 $MTTF_0$，则表明设备可靠性比较低，应该安排全面维修，$MTTF_0$ 可由运行维修人员设定。之后的处理方式与此相同，由于维修时间相对于运行时间来说很短，因此可忽略不计。由于维修次数为整数，因此，以上一次维修优化时间窗口最后一次预防性维修结束时刻的平均无故障工作时间为下一个维修优化时间窗口，动态更新优化时间窗口。

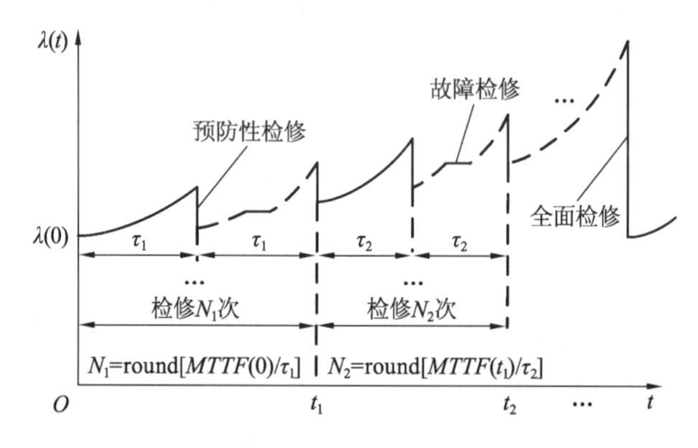

图5-5 设备运行过程故障率变化示意图

5.2.3.2 基于动态时间窗口的维修周期优化模型

设备在 t_{j-1}时刻的平均无故障工作时间为 $MTTF$（t_{j-1}），是在 t_{j-1}时刻后的最大维修期限，即设备的第 j 个维修优化时间窗口。在第 j 个维修优化区间内对设备维修成本进行分析，在保证设备满足一定的可靠性基础上，制定维修成本最小的设备预防性维修策略。维修成本主要包括预防性维修费用、故障维修费用及停电损失费用，维修周期的决策流程如图5-6所示。

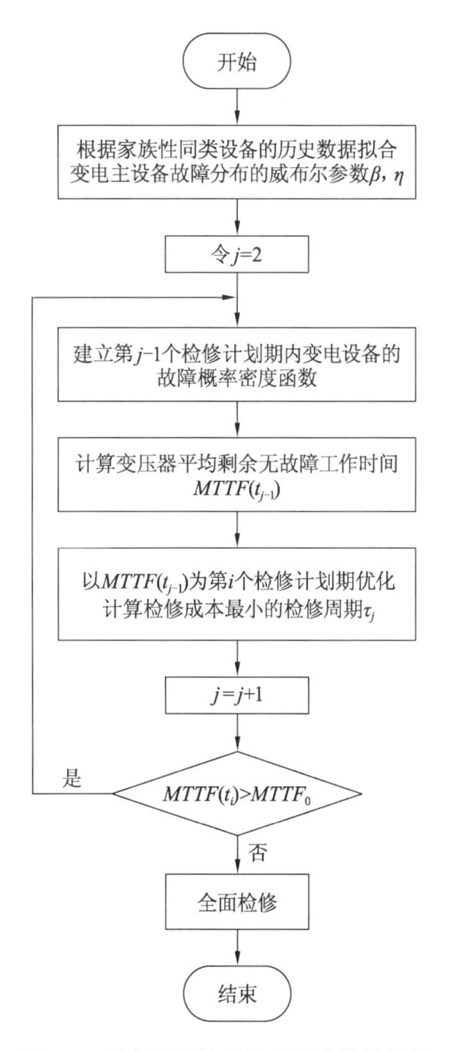

图 5-6　设备预防性维修周期决策流程图

在第 j 个维修优化区间内，定期对设备开展预防性维修，维修周期为 τ_j，维修次数 $N = \text{round}\left[MTTF/\tau_j\right]$，round 为取整运算，则预防性维修费用 C_1 为

$$C_1 = c_p \cdot N \tag{5.29}$$

式中，c_p 为单次预防性维修固定费用。

故障维修费用 C_2 为

$$C_2 = c_f \cdot \sum_{i=1}^{N} P_{fi} \tag{5.30}$$

式中，c_f 为单次故障维修固定费用；P_{fi} 为第 i 次预防性维修周期内故障发生概率。

P_{fi}可由下式确定：

$$P_{fi} = \int_0^{\tau_j} f_{i-1}^{+}(t)\,\mathrm{d}t \tag{5.31}$$

式中，$f_{i-1}^{+}(t)$ 表示第 $i-1$ 次预防性维修后设备的故障概率密度函数。

停电损失费用包括预防性维修停电损失 C_{31} 和故障维修停电损失 C_{32}，计算公式分别为

$$C_{31} = c_{\text{price}} \cdot EDNS \cdot N \cdot t_p \tag{5.32}$$

$$C_{32} = c_{\text{price}} \cdot EDNS \cdot t_f \cdot \sum_{i=1}^{N} P_{fi} \tag{5.33}$$

式中，c_{price}为电价；$EDNS$ 为设备退出运行后系统负荷削减的期望值；P_{fi}为第 i 次预防性维修周期内故障发生的概率；t_p 为预防性维修持续时间；t_f 为故障维修持续时间。

以设备维修优化区间内维修周期为优化变量，以维修优化区间内维修成本最小为目标函数，设备预防性维修优化模型为

$$\begin{aligned} &\min C = \min\ (C_1 + C_2 + C_{31} + C_{32}) \\ &\text{s.t.} \begin{cases} 0 \leqslant \tau_j \leqslant MTTF(t_{j-1}) \\ MTTF(t_{j-1}) > T_0 \end{cases} \end{aligned} \tag{5.34}$$

式中，$MTTF\ (t_{j-1})$ 为 t_{j-1}时刻设备平均无故障工作时间，T_0 为全面维修阈值。

5.2.4 算例分析

以 IEEE-RBTS 系统中 3#变电站的 b2 断路器维修为例，对所提出的维修决策方法进行算例分析，验证所提方法的有效性。图 5-7 为 RBTS 系统的网络展开图。由 RBTS 系统参数可知，断路器主动性故障率 $\lambda_a = 0.0066$ 次/年，被动性故障率 $\lambda_p = 0.0005$ 次/年，平均故障停电时间 $t_f = 72$ h，转换时间 t_{sw}为 1 h。

威布尔分布是可靠性数学领域中最常用的分布函数，能对各种数据进行有效拟合，因此选择威布尔分布进行计算。假设 $\beta = 2.3849$，$\eta = 16.235$，基于威布尔分布的故障概率密度函数为

$$f(t) = \frac{2.3849}{16.235}\left(\frac{t}{16.235}\right)^{1.3849} \exp\left[-\left(\frac{t}{16.235}\right)^{2.3849}\right] \tag{5.35}$$

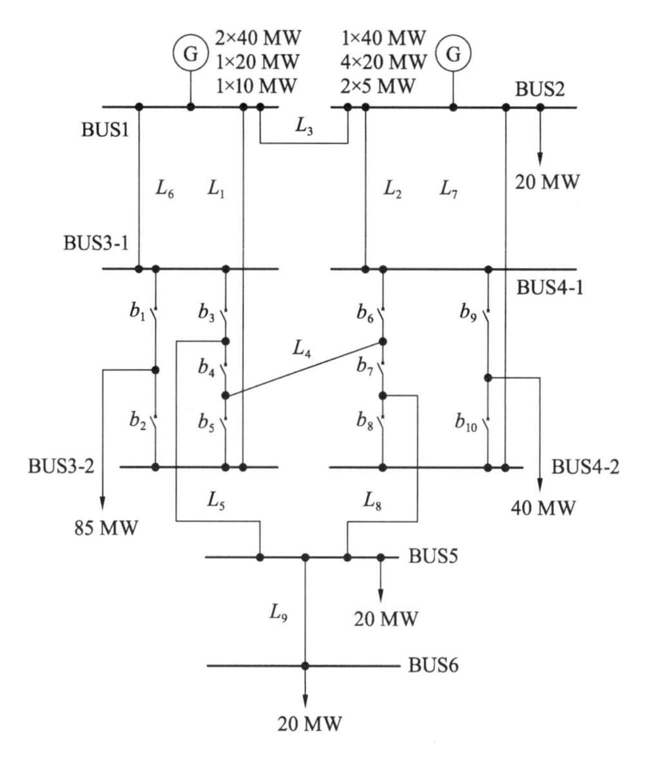

图 5-7　RBTS 网络拓扑图

假设断路器第 i 次维修后其无故障时间的变化量 U_i 服从正态分布，基于正态分布的故障概率密度函数为

$$y_i(t)=\frac{1}{\sigma_i\sqrt{2\pi}}\exp\left[-\frac{(t-\mu_i)^2}{2\sigma_i^2}\right] \tag{5.36}$$

式中，μ_i 为均值；σ_i 为标准差。

根据正态分布“3σ 原则”可知，y_i 的取值落入 μ 附近 3σ 范围内的概率高达 0.97，因此有 $\mu-3\sigma>0$。假设 $\mu_1=5$，$\sigma_1=4/3$；$\mu_2=4$，$\sigma_2=3/3$；$\mu_3=3.5$，$\sigma_3=2.5/3$；$\mu_4=3$，$\sigma_4=2/3$；$\mu_5=2$，$\sigma_5=1/3$；$\mu_6=1$，$\sigma_6=1/6$。

假设断路器预防性维修费用 $c_p=3000$ 元/次，故障维修费用 $c_f=10000$ 元/次，电价 $c_{\text{price}}=0.5$ 元/kWh，全面维修成本为 20000 元，预防性维修停电时间 $t_p=24$ h。假设 $MTTF_0=6$，即当平均无故障工作时间低于 6 年时安排全面维修。

b2 断路器维修退出后，系统电力不足期望值 $EDNS$ 为 0.0521 MW。利用式 (5.34) 对 b2 断路器进行预防性维修优化。

零时刻 b2 断路器平均无故障工作时间为 14.391 年，因此以 14 年为第一个维修优化区间，计算得到最优维修周期为 9.417 年，维修成本为 3646 元，第一个维修优化区间内维修一次。

第二个维修优化区间从第 9.417 年开始，平均无故障工作时间为 10.579 年，因此将 10.579 年作为第二个维修优化区间，即（9.417，19.996]，计算得到最优维修周期为 6.75 年，维修成本为 3462 元，第二个维修优化区间内维修一次。依次可计算各维修优化区间内的维修周期及维修成本，如表 5-1 所示。

表 5-1　断路器 b2 维修周期及维修成本

优化区间起始时刻/年	*MTTF*/年	维修优化区间	维修周期/年	维修成本/元
0	14.391	（0，14.391]	9.417	3646
9.417	10.579	（9.417，19.996]	6.750	3462
16.167	8.715	（16.167，24.882]	5.417	3374
21.584	7.657	（21.584，29.241]	4.750	3330
26.334	6.832	（26.334，33.166]	4.083	3286
30.417	5.996	（30.417，36.413]	3.417	23241

b2 断路器在第 5 次预防性维修后平均无故障工作时间为 5.996 年，小于 6 年，3.417 年后安排全面维修，维修成本为 23241 元。

目前，电网维修人员对断路器每 6 年进行一次 B 类维修，每 12 年进行一次 A 类大修。以 33 年为维修计划期，经计算得维修成本为 79989 元。采用本书所提方法，33.834 年内维修成本为 40362 元，则有

$$\frac{79989-40362}{79989}\times 100\% = 49.54\%$$

即采用上述提出的计及维修过程随机性影响的变电主设备维修决策方法，基于动态时间窗口的维修周期优化比传统计划维修平均费用降低了 49.54%。

5.3　基于状态监测的变电主设备短期检修决策方法

5.3.1　变压器异常状态的量化评估

5.3.1.1　变压器异常状态监测量选取

当变压器发生由热、电、氧化等原因引起的故障时，会生成一些气体，如氢气（H_2）、烃类气体、一氧化碳（CO）、二氧化碳（CO_2）等，其中，烃类气体主要包括甲烷（CH_4）、乙烷（C_2H_6）、乙烯（C_2H_4）、乙炔（C_2H_2）等，也称为总烃，这些气体将溶于变压器油中。因此，变压器开展状态维修主要是对油中气体的含量及产气速率进行监测，且各气体的含量值及产气速率都具有一定的注

意值，不同类型和不同浓度的气体能够反映出变压器发生不同类型的故障。

由于变压器在线监测装置的工作环境十分恶劣，采集到的数据的准确性和稳定性会受到一定影响，气体含量的在线监测值与离线测量值相差很大，因此在线监测值的参考价值不是很大。如果变压器油中气体的初始基值很大（比国家标准规定的注意值大），而该气体的产气速率比较低，那么变压器也可能运行正常。另外，当变压器处于异常状态时，油中气体含量的绝对值可能还处于正常范围内，此时油中气体的含量值不能反映出变压器的异常状态。现场工作人员通常是根据气体有无突然性变化来判断是否出现异常，即观察短期内变压器油中的气体有无突变性增长。因此，本节选取溶于变压器油中气体的产气速率作为其异常状态的状态特征量。

5.3.1.2　变压器状态监测量归一化处理

变压器正常工作时，油中气体的产气速率处于规定的上下限值之内（见表 5-2），变压器油中气体的绝对产气速率可由下式计算：

$$\gamma = \frac{C_i - C_{i-1}}{\Delta t} \cdot \frac{G}{\rho} \tag{5.37}$$

式中，γ 为绝对产气速率，mL/d；C_i 为第 i 次监测得到的气体浓度，μL/L；C_{i-1} 为第 $i-1$ 次监测得到的气体浓度，μL/L；Δt 为第 i 次监测与第 $i-1$ 次监测的时间间隔，d；G 为油的总量，t；ρ 为油的密度，t/m^3。

表 5-2　变压器油中气体监测量的上下限值

气体	指标类型	指标编号	上限/（mL·d^{-1}）	下限/（mL·d^{-1}）
H_2	绝对产气速率	x_1	10	0
C_2H_2	绝对产气速率	x_2	0.2	0
总烃	绝对产气速率	x_3	12	0
CO	绝对产气速率	x_4	100	0
CO_2	绝对产气速率	x_5	200	0

由于变压器各气体绝对产气速率的值在达到下限值，即 0 时，对应该项指标的最佳状态，因此变压器油中气体只可能越过上限值而达到异常状态。另外，不同气体的绝对产气速率的上限和数量级不同，因此，对变压器各状态监测量进行如下的归一化处理：

$$d_i = 1 - \exp\left[-\frac{(x_i - x_{\min})^2}{2(x_{\max} - x_{\min})^2}\right] \tag{5.38}$$

式中，d_i 为归一化后气体指标的值；$x_{\max}$ 为指标的上限值；$x_{\min}$ 为指标的下限值，取为0。

由式（5.38）可知，无论监测的产气速率 x_i 多大，归一化后其值都处于0和1之间，越靠近1则状态越差。当 x_i 达到上限值时，对应 d_i 的值为 $1-e^{-0.5}$。当 $d_i \in [0,\ 1-e^{-0.5}]$ 时，变压器处于正常状态；当 $d_i \in [1-e^{-0.5},\ 1]$ 时，变压器出现异常状态。

5.3.1.3 变压器异常指数的确定

对于变压器而言，影响其运行状态的因素较多，当某一项状态监测指标越限时，变压器就可能出现异常。因此做如下设定：若所有的监测指标都没有超出上限值，变压器就为正常状态；只要出现一项指标越限，变压器就为异常状态。对于变压器而言，影响其运行状态的因素较多，当某一项状态监测指标越限时，变压器就可能出现异常。为了反映变压器状态的变化趋势，当没有状态监测指标越限时，变压器异常指数应为所有状态监测指标的加权和；当出现状态监测指标越限时，应为越限的状态监测指标的加权和。据此定义变压器异常指数如下：

$$q = \begin{cases} \sum_{i=1}^{N} \omega_i \cdot d_i, \text{所有 } d_i < 1 - e^{-0.5} \\ \sum_{j=1}^{M} \omega_j \cdot d_j, \text{至少有一个 } d_j \geqslant 1 - e^{-0.5} \end{cases} \tag{5.39}$$

式中，N 为状态监测量的总数目；M 为越限的状态指标数。

由式（5.39）可知，在判断变压器是否处于异常状态时，若变压器所有指标均没有越限，则变压器异常指数为所有归一化状态监测量的加权平均值。只要变压器存在状态监测指标越限，变压器异常指数就应为越限状态监测量的加权平均值。

5.3.2 断路器异常状态的量化评估

5.3.2.1 断路器异常状态监测量选取

高压断路器的第一级控制元件通常为电磁铁，图5-8 a所示为断路器电磁铁的结构简图。断路器一般将直流电当作其主要的控制电源，因此直流电磁线圈的电流波形可以反映断路器的一些机械故障。线圈的直流电路如图5-8 b所示，线圈的电感 L 主要与线圈、铁芯铁轭等的尺寸及铁芯运动行程 S 有关，L 的大小与 S 呈正相关，L–S 曲线如图5-9所示。

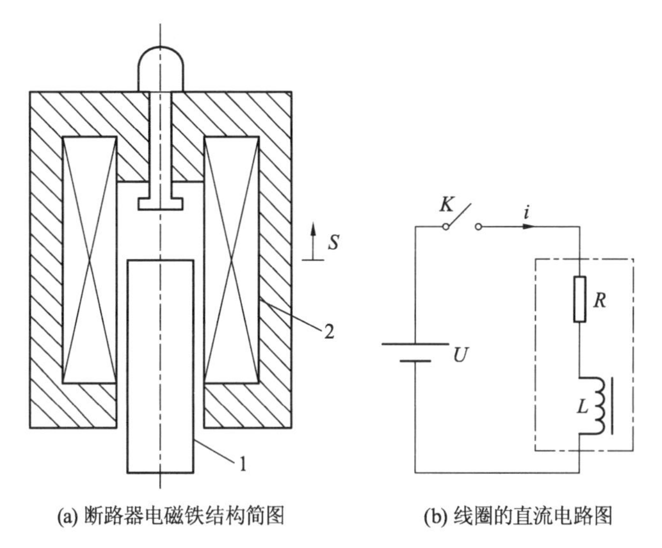

(a) 断路器电磁铁结构简图　　(b) 线圈的直流电路图

1—电磁铁；2—分合闸线圈；K—开关；R—线圈电阻；S—铁芯行程；

L—线圈电感；U—直流电源电压；i—线圈电流

图 5-8　断路器电磁铁及线圈电路

假设铁芯不饱和，则电感 L 的大小与 i 无关。电路在开关 K 合闸后可得

$$u = iR + (\mathrm{d}\psi/\mathrm{d}t) \tag{5.40}$$

式中，ψ 为线圈磁链，$\psi = Li$。

于是，式（5.40）可变为

$$\begin{aligned} u &= iR + (\mathrm{d}\psi/\mathrm{d}t) = iR + (\mathrm{d}Li/\mathrm{d}t) \\ &= iR + i(\mathrm{d}L/\mathrm{d}t) + L(\mathrm{d}i/\mathrm{d}t) \\ &= iR + i(\mathrm{d}L/\mathrm{d}S)(\mathrm{d}S/\mathrm{d}t) + L(\mathrm{d}i/\mathrm{d}t) \\ &= iR + i(\mathrm{d}L/\mathrm{d}S)v + L(\mathrm{d}i/\mathrm{d}t) \end{aligned} \tag{5.41}$$

式中，$\mathrm{d}L/\mathrm{d}S$ 可根据图 5-9 求出；v 为铁芯的运动速度。

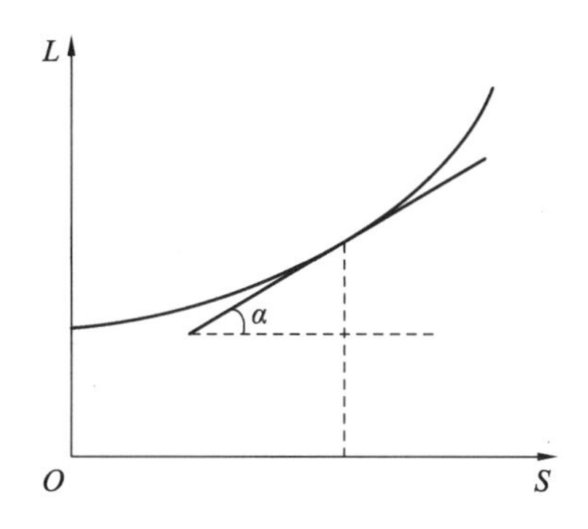

图 5-9　断路器 L–S 曲线

断路器在进行分合闸时，其线圈中电流的波形如图 5-10 所示。经分析断路器分合闸过程中铁芯的运动过程，相应线圈中电流的波形可以分为如下四个阶段：

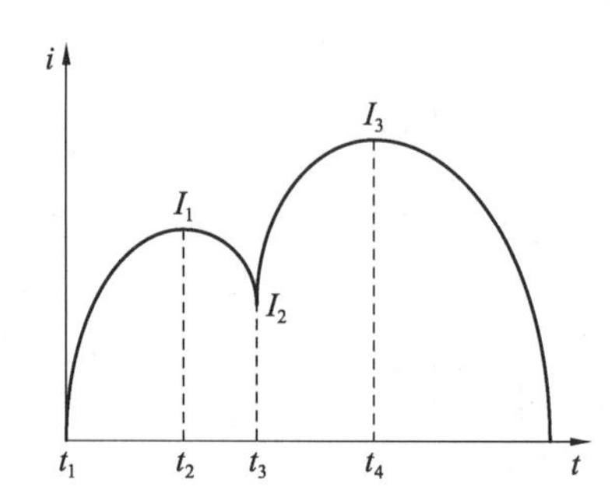

图 5-10　断路器线圈电流波形曲线

（1）铁芯触动阶段

铁芯触动阶段即 $t_1 \sim t_2$ 时间段。t_1 时刻为断路器分合闸操作的起始点，t_2 时刻为铁芯开始运动的时刻，此时线圈中电流、磁通增大到刚好驱动铁芯运动。在这一阶段 $v=0$，$L=L_0$（常数），则式（5.41）可变为

$$U = iR + L_0(\mathrm{d}i/\mathrm{d}t) \tag{5.42}$$

代入起始条件 $t=t_1$ 时，$i=0$，可得

$$i = \frac{U}{R}[1-\exp(-Rt/L_0)] \tag{5.43}$$

这是指数上升曲线，对应图 5-10 中 $t_1 \sim t_2$ 的电流波形的起始部分。

（2）铁芯运动阶段

铁芯运动阶段即 $t_2 \sim t_3$ 时间段。铁芯在电磁力的牵引下，开始加速运动，当铁芯碰到支持部分时，速度为 0，停止运动。在这个阶段内，铁芯速度 v 大于 0，L 不是常数，i 将按式（5.42）变化。通常 $v>0$，$\mathrm{d}L/\mathrm{d}S>0$，$L$（$\mathrm{d}i/\mathrm{d}t$）是一个随时间而逐渐增长的反电势，通常其值会大于 U，所以 $\mathrm{d}i/\mathrm{d}t$ 的值将小于零，即电流 i 在铁芯刚刚开始运动后快速下降，最后铁芯速度 v 降为 0。

（3）触头分、合闸阶段

触头分、合闸阶段即 $t_3 \sim t_4$ 时间段。此阶段铁芯速度为 0，已经停止运动，i 的变化类似式（5.42），当 $L=L_m$（$S=S_m$）时有

$$i = \frac{U}{R}[1-\exp(-Rt/L_m)] \tag{5.44}$$

该阶段是操动机构驱动传动机构来控制触头开闭的过程，其中 t_3 时刻起铁芯静止，触头是在 t_3 前后某时刻启动的，而辅助接点是在 t_4 时刻切断的。

（4）电流切断阶段（t_4 时刻）

当断路器的辅助接点在 t_4 时刻切断后，将开关 K 跳开，此时将会拉长触头间的电弧，电弧电流 i 将迅速地减小到零，电弧熄灭。

断路器要正常完成分闸操作，需要在恰当的时刻完成上述四个阶段，因此，通过对断路器分合闸操作的各个阶段性操作的时刻进行监测，即电流波形中 t_1，t_2，t_3，t_4 时刻，可以判断断路器操动机构的工作状态，这些时刻在断路器正常分闸操作时的上下限值如表5-3所示。

表5-3　断路器状态监测量的上下限值

指标名称	指标编号	下限/ms	上限/ms
合闸线圈电流起始时刻	t_1	0	5.5
合闸线圈电流跌落时刻	t_2	9.8	16.4
线圈断电时刻	t_3	26	43.4
辅助接点切断时刻	t_4	62	75.8

5.3.2.2　断路器状态监测量归一化处理

与变压器状态监测量不同，断路器的状态监测量同时具有上限和下限，越靠近边界值，状态越差，因此其归一化方法应反映出这一特点。为此，对各指标进行下列归一化处理：

$$d_i = 1 - \exp\left[-\frac{(t_i - r)^2}{s^2} \right] \tag{5.45}$$

$$r = \frac{t_{\max} + t_{\min}}{2}, s = \frac{t_{\max} - t_{\min}}{2} \tag{5.46}$$

式中，t_i 为归一化前状态监测量；d_i 为归一化后的状态监测量；$t_{\max}$，$t_{\min}$ 分别为状态监测量的上、下限值。

$$d(t_{\max}) = 1 - \exp\left[-\frac{\left(t_{\max} - \frac{t_{\max} + t_{\min}}{2}\right)^2}{\left(\frac{t_{\max} - t_{\min}}{2}\right)^2} \right] = 1 - e^{-1} \tag{5.47}$$

$$d(t_{\min}) = 1 - \exp\left[-\frac{\left(t_{\min} - \frac{t_{\max} + t_{\min}}{2}\right)^2}{\left(\frac{t_{\max} - t_{\min}}{2}\right)^2} \right] = 1 - e^{-1} \tag{5.48}$$

由式（5.45）、式（5.47）和式（5.48）可知，d_i 越靠近1就表明断路器状态越差，且上、下限变成了同一个下限值 $1 - e^{-1}$。

5.3.2.3　断路器异常指数的确定

当断路器所有的监测指标都在其正常范围之内时，断路器状态正常，否则认为断路器出现异常。当断路器的某一项状态监测指标出现越限时，断路器就可能出现了异常，简单的加权求和也可能会掩盖某些项的指标越限。

因此，当断路器所有监测指标都没有出现越限时，断路器的异常指数为所有监测指标的加权求和。只要断路器存在状态监测指标越限，断路器异常指数就应为越限监测指标的加权求和。因此，定义断路器异常指数如下：

$$q = \begin{cases} \sum_{i=1}^{N} \omega_i \cdot d_i, \text{所有 } d_i < 1 - e^{-1} \\ \sum_{j=1}^{M} \omega_j \cdot d_j, \text{至少有一个 } d_j \geqslant 1 - e^{-1} \end{cases} \tag{5.49}$$

式中，N 为状态监测量的总数目；M 为状态指标越限的数据。

5.3.3　基于高斯核密度函数的变电主设备状态异常概率

为了全面掌握变电主设备的运行状态，需要通过多种指标进行综合评价，根据各状态监测数据可以计算出变电主设备的异常指数。该异常指数是通过最新一次状态监测数据获得的，存在不良数据的干扰。当变电主设备运行状态较好时，其状态监测数据大多在上下限值之间，越限的次数较少；当变电主设备运行状态较差时，其状态监测的数据越限次数会越来越多，数据偏离上下限值也越来越大。

本节综合利用连续的状态监测数据，即上一次变电主设备维修后的状态监测数据至当前的状态监测数据。为了避免状态监测的不良数据干扰，因此需要获取变电主设备异常指数的概率密度函数。由于很难指出变电主设备异常指数的概率分布属于何种分布形式，而非参数密度估计法能够在样本分布形式未知的情况下估计概率分布，因此，下面基于高斯核密度函数求变电主设备异常指数的概率分布。

假设变电主设备在上一次维修之后至当前监测有 k 组状态监测数据，即存在 k 个变电主设备异常指数样本 q_1，…，q_k，则变电主设备基于高斯核密度函数的概率密度函数为

$$\hat{p}(q) = \frac{1}{kh}\sum_{i=1}^{k} \frac{1}{\sqrt{2\pi}} e^{-\frac{\left(\frac{q-q_i}{h}\right)^2}{2}} \tag{5.50}$$

式中，h 为带宽。

高斯函数的方差由带宽 h 来控制。带宽较小时曲线粗糙，而带宽较大时曲线

平滑，但损失信息多。

理想的带宽可通过下式确定：

$$h_k = \frac{1.06s}{k^{1/5}} \tag{5.51}$$

式中，s 为 k 个异常指数样本的标准差。

当计算得到变电主设备上一次维修之后至当前时刻的异常指数概率密度函数，即可计算在上一次维修之后至当前时刻变电主设备的异常概率。

变压器的异常概率为

$$P_{ft} = \frac{\int_{1-e^{-0.5}}^{1} \hat{p}(q)\,\mathrm{d}q}{\int_{0}^{1} \hat{p}(q)\,\mathrm{d}q} \tag{5.52}$$

断路器的异常概率为

$$P_{fb} = \frac{\int_{1-e^{-1}}^{1} \hat{p}(q)\,\mathrm{d}q}{\int_{0}^{1} \hat{p}(q)\,\mathrm{d}q} \tag{5.53}$$

5.3.4 变电主设备短期针对性维修决策

基于变电主设备状态监测评估设备可靠性并确定待修设备集的主要流程如图5-11所示。利用所提出的可靠性评估方法计算变电主设备的异常概率，设置维修阀值 P_1。当计算得到的变电主设备的异常概率大于 P_1 时，变电主设备需要开展针对性的维修；设置注意监视阀值 P_2，当计算得到的变电主设备的异常概率小于 P_1 但大于 P_2 时，要注意对变电主设备进行跟踪监视。

决策步骤如下：

① 对采集到的变电主设备状态监测数据进行归一化处理；

② 根据变电主设备的各状态监测量的归一化值计算异常指数；

③ 基于高斯核密度函数计算当前变电主设备的异常概率 P_f；

④ 将 P_f 与针对性维修阈值 P_1 进行比较，若 P_f 大于 P_1，则进行针对性维修，将此设备列入待修设备集；

⑤ 若 P_f 小于 P_1，则将 P_f 与注意监视阈值 P_2 进行比较；若 P_f 大于 P_2，则要对该设备进行跟踪监视。

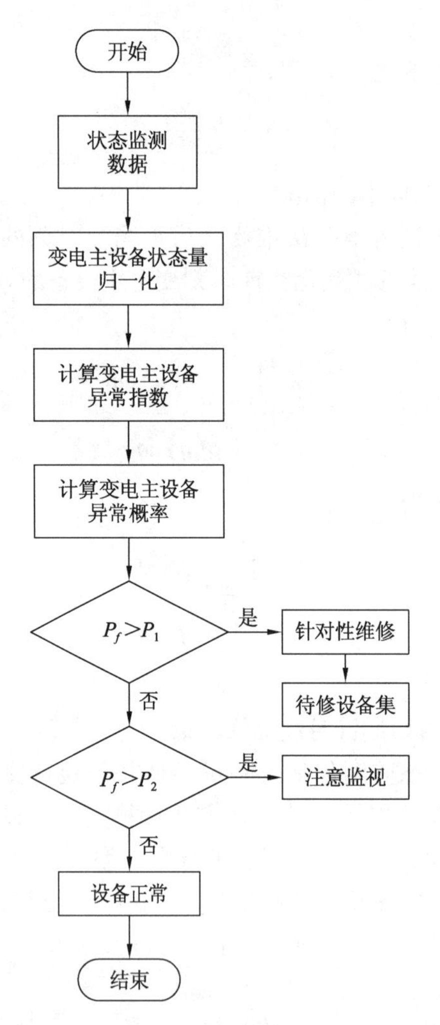

图 5-11　基于状态监测数据的变电主设备待修设备集的确定

5. 3. 5　算例分析

5. 3. 5. 1　基于状态监测的变压器可靠性评估算例分析

以西南地区某站 220 kV 二号主变作为可靠性评估对象，在两次维修之间有 15 组状态监测数据，如表 5-4 所示。

表 5-4　变压器状态监测数据

x_1	x_2	x_3	x_4	x_5
0	0	0	50. 6	43. 5
4. 3	0. 42	5. 7	0	0
5. 8	0	0	120. 7	30. 8
9. 6	0	0	0	0
12. 7	0. 1	2. 5	110. 2	230. 9
8. 6	0	2. 4	0	0
8. 7	0. 13	12. 7	0	10. 4
11. 5	0. 36	13. 5	60. 8	260. 2
0	0	0	0	0
9. 4	0	0	0	0
0	0. 2	1. 5	0	0
0	0. 03	2. 1	55. 6	50. 7
3. 4	0. 08	1. 6	0	0
5. 2	0. 1	3. 2	40. 3	30. 9
0	0	0	0	0

对表 5-4 中状态监测数据进行归一化，结果如表 5-5 所示。

表 5-5　变压器状态监测数据归一化

x_1	x_2	x_3	x_4	x_5	q
0	0	0	0. 1202	0. 0234	0. 0287
0. 0883	0. 8897	0. 1067	0	0	0. 8897
0. 1548	0	0	0. 5173	0. 0118	0. 5173
0. 3692	0	0	0	0	0. 0738
0. 5536	0. 1175	0. 0215	0. 4551	0. 4865	0. 4984
0. 3091	0	0. 0198	0	0	0. 0658
0. 3151	0. 1904	0. 4288	0	0. 0014	0. 4288
0. 4838	0. 8021	0. 4689	0. 1688	0. 5710	0. 5815
0	0	0	0	0	0
0. 3571	0	0	0	0	0. 0714
0	0. 3935	0. 0078	0	0	0. 3935
0	0. 0112	0. 0152	0. 1432	0. 0316	0. 0402
0. 0562	0. 0769	0. 0088	0	0	0. 0284
0. 1625	0. 1175	0. 0349	0. 0780	0. 0119	0. 0810
0	0	0	0	0	0

如图 5-12 所示，与虚线对应的数值大小为 $1-e^{-0.5}$。当数据超过 $1-e^{-0.5}$，即超过正常范围时，该次监测数据越限；当数据低于 $1-e^{-0.5}$，即在正常范围之内时，该次监测数据正常。

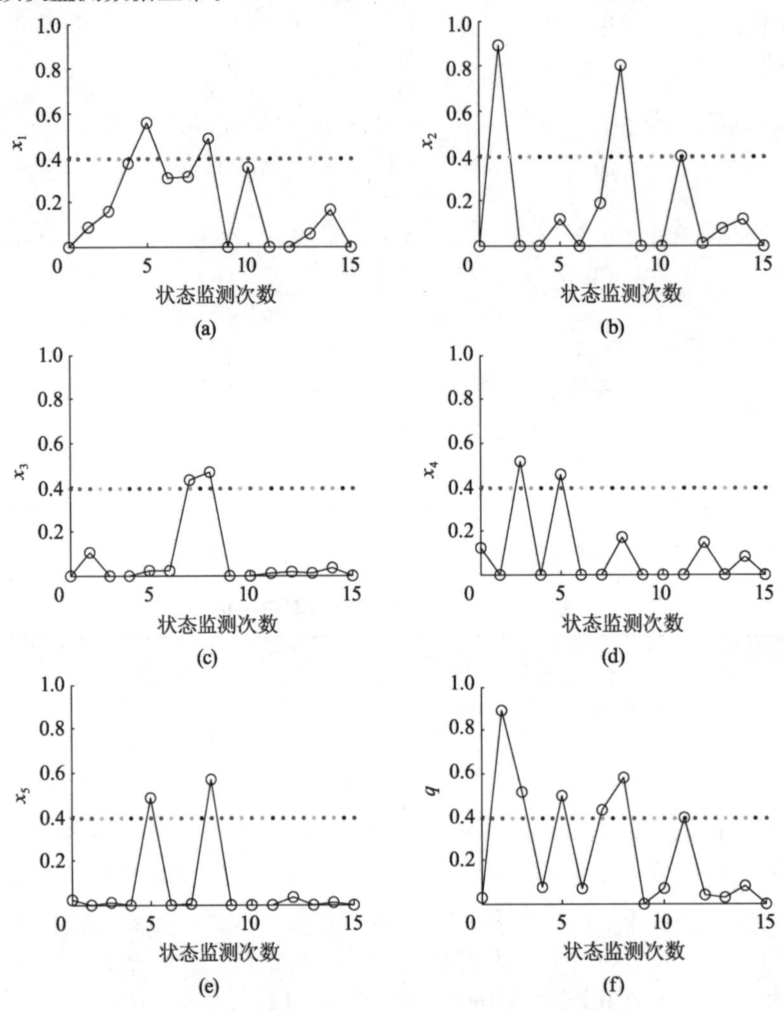

图 5-12　变压器状态量监测数据及异常指数

图 5-13 是变压器基于高斯核密度函数的非参数估计方法得到的异常指数概率密度函数。由于在维修后的第一次状态监测时刻只能获取一组状态监测数据，因此从第二次状态监测后开展可靠性评估。

图 5-13 a 是通过维修后前两次状态监测得到的概率密度曲线。依此类推，从前两次到前 15 次状态监测可获取 14 个异常指数概率密度函数，且随着状态监测数据量的增加，曲线是不断变化的，因此在不同监测时刻，变压器状态的异常程

度不同。

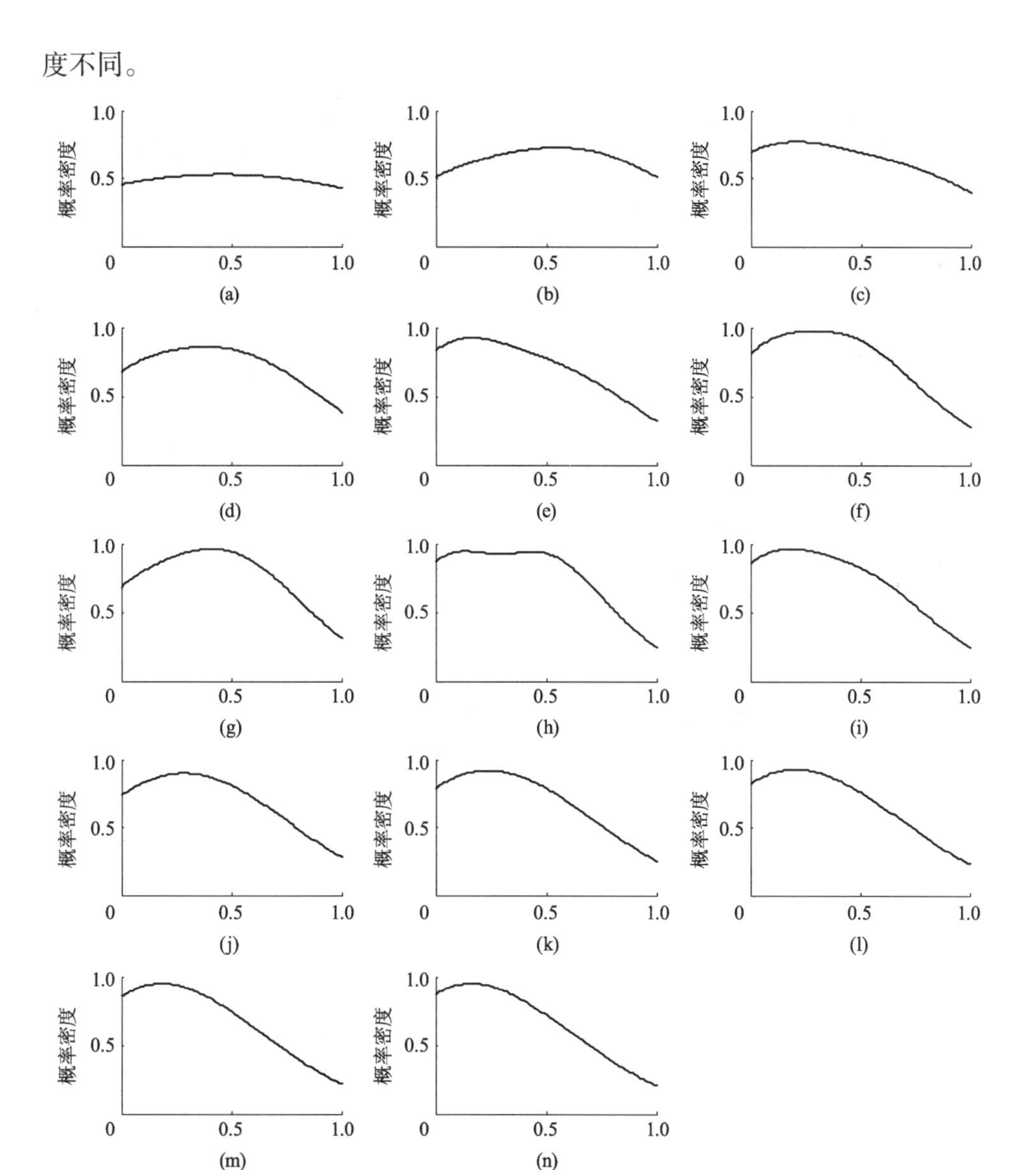

图5-13　变压器在不同监测时刻的状态异常指数概率密度分布

在得到各异常指数概率密度函数后，即可计算变压器在历次监测时刻运行异常的概率，其结果如表5-6所示，相应的曲线变化如图5-14所示。

表 5-6 变压器异常概率

状态监测次数	变压器异常概率	状态监测次数	变压器异常概率
2	0. 6093	9	0. 5289
3	0. 6269	10	0. 5019
4	0. 5520	11	0. 5242
5	0. 5726	12	0. 5035
6	0. 5162	13	0. 4873
7	0. 5227	14	0. 4736
8	0. 5647	15	0. 4632

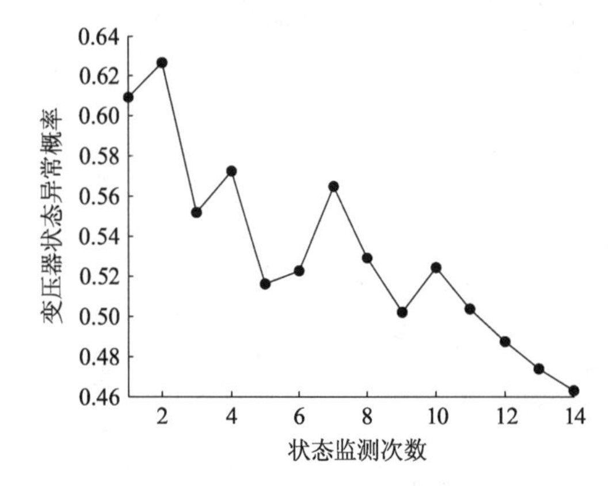

图 5-14 变压器状态异常概率变化曲线

5. 3. 5. 2 基于状态监测的断路器可靠性评估算例分析

以西南地区某站已实施状态监测的断路器作为可靠性评估对象，在某次维修后，进行了 20 次分合闸操作的状态监测，获取了 20 组数据，如表 5-7 所示。

表 5-7 断路器合闸监测数据

x_1	x_2	x_3	x_4
0. 324	11. 246	29. 857	67. 232
1. 036	15. 302	31. 956	62. 351
0. 983	13. 475	30. 964	71. 573
1. 548	17. 858	24. 314	66. 253
2. 654	12. 435	38. 602	64. 472

续表

x_1	x_2	x_3	x_4
1. 523	10. 754	36. 142	62. 647
0. 742	15. 543	41. 365	76. 362
6. 521	12. 367	35. 643	69. 012
0. 583	26. 832	38. 978	67. 253
3. 021	10. 978	45. 687	67. 562
0. 912	11. 563	39. 988	66. 361
0. 785	16. 175	41. 342	69. 524
0. 515	13. 237	27. 123	61. 285
1. 224	13. 528	32. 353	73. 011
0. 756	9. 739	44. 387	66. 654
1. 405	13. 206	39. 145	71. 352
2. 629	16. 362	31. 995	67. 013
0. 976	13. 987	32. 371	65. 352
0. 783	16. 456	31. 856	67. 245
0. 875	13. 212	32. 597	65. 678

对断路器的这 20 次分合闸监测数据进行归一化处理，其结果如表 5-8 所示。

表 5-8　断路器合闸监测数据的归一化

x_1	x_2	x_3	x_4	断路器异常指数
0. 5408	0. 2707	0. 2665	0. 0568	0. 2837
0. 2410	0. 3593	0. 0947	0. 5938	0. 3222
0. 3382	0. 0128	0. 1684	0. 1394	0. 1647
0. 1739	0. 8749	0. 7595	0. 1368	0. 8172
0. 0012	0. 0398	0. 1822	0. 3376	0. 1402
0. 1805	0. 3967	0. 0271	0. 5601	0. 2911
0. 4133	0. 4219	0. 4439	0. 6895	0. 6895
0. 8475	0. 0481	0. 0117	0. 0003	0. 8475
0. 4626	1. 0000	0. 2148	0. 0554	1. 0000

续表

x_1	x_2	x_3	x_4	断路器异常指数
0. 0097	0. 3387	0. 7971	0. 0369	0. 7971
0. 3603	0. 1950	0. 3089	0. 1266	0. 2477
0. 3998	0. 5803	0. 4417	0. 0081	0. 3575
0. 4834	0. 0017	0. 5316	0. 7042	0. 4302
0. 2650	0. 0167	0. 0702	0. 2988	0. 1627
0. 4089	0. 6456	0. 7105	0. 1005	0. 6781
0. 2128	0. 0010	0. 2297	0. 1186	0. 1405
0. 0019	0. 6236	0. 0921	0. 0721	0. 1974
0. 3404	0. 0697	0. 0692	0. 2323	0. 1779
0. 4005	0. 6445	0. 1013	0. 0559	0. 6445
0. 3718	0. 0012	0. 0568	0. 1959	0. 1564

如图 5-15 和 5-16 所示，虚线的对应的数值大小为 $1-e^{-1}$。当数据超过 $1-e^{-1}$,即超过正常范围，该次监测数据越限；当数据低于 $1-e^{-1}$，即在正常范围内时，该次监测数据正常。

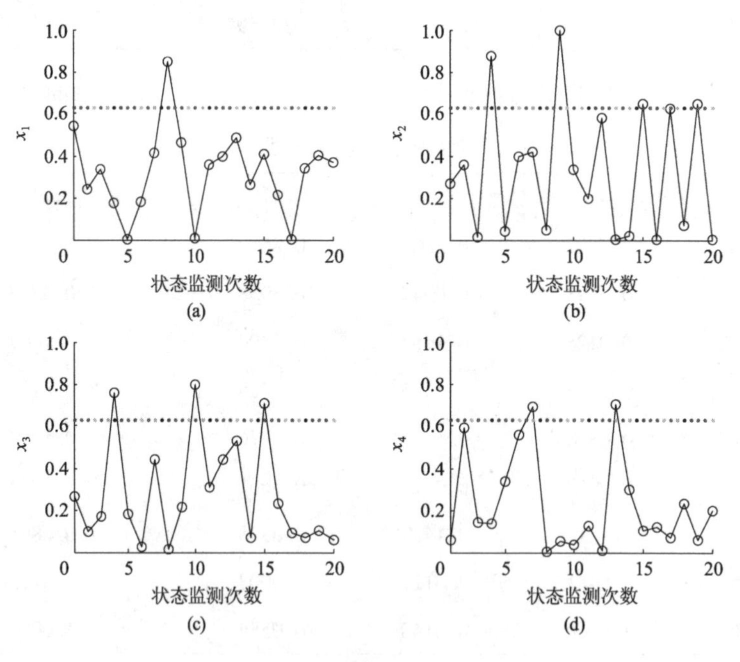

图 5-15　断路器状态量检测数据

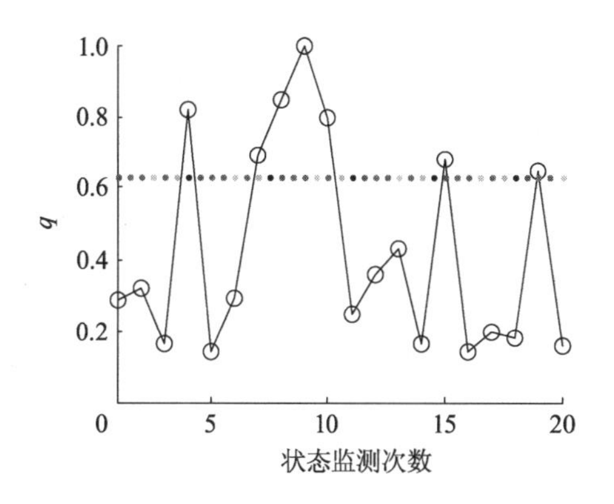

图 5-16　断路器异常指数

图 5-17 是断路器基于高斯核密度函数的非参数估计方法得到的异常指数概率密度函数。由于在维修后的第一次状态监测时刻只获取一组状态监测数据，因此从第二次状态监测后开展可靠性评估。图 5-17 a 是通过维修后前两次状态监测得到的概率密度曲线。依此类推，从前两次到前 20 次状态监测，可获取 19 个异常指数概率密度函数，且随着状态监测数据量的增加而不断变化，见图 5-17 a – s。因此，在不同监测时刻，断路器状态的异常程度不同。

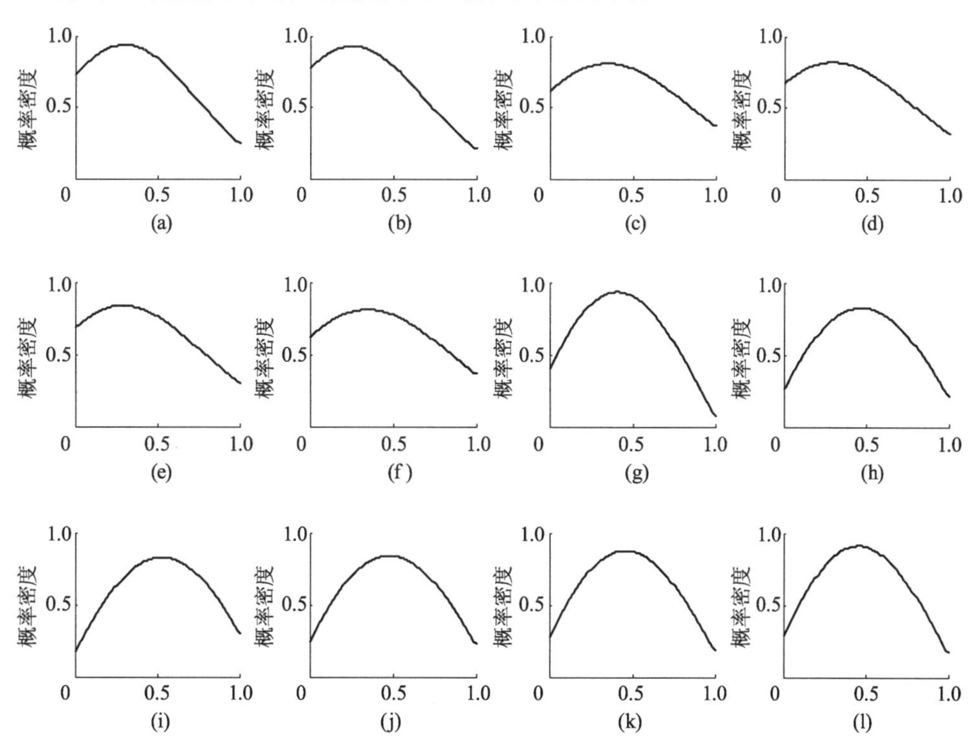

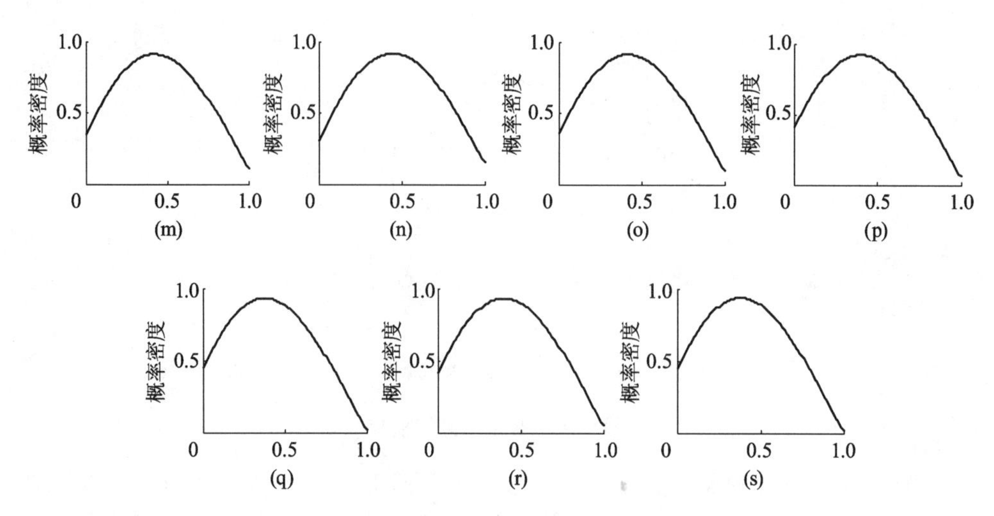

图 5-17　断路器在不同状态监测时刻的异常指数概率密度函数

在得到各异常指数概率密度函数后，即可计算断路器历次监测时刻其运行异常的概率，结果如表 5-9 所示。相应的变化曲线如图 5-18 所示。

表 5-9　断路器异常概率

状态监测次数	断路器异常概率	状态监测次数	断路器异常概率
2	0. 2396	12	0. 3423
3	0. 2211	13	0. 3390
4	0. 2938	14	0. 3281
5	0. 2708	15	0. 3366
6	0. 2643	16	0. 3270
7	0. 2928	17	0. 3192
8	0. 3218	18	0. 3120
9	0. 3476	19	0. 3186
10	0. 3645	20	0. 3119
11	0. 3501		

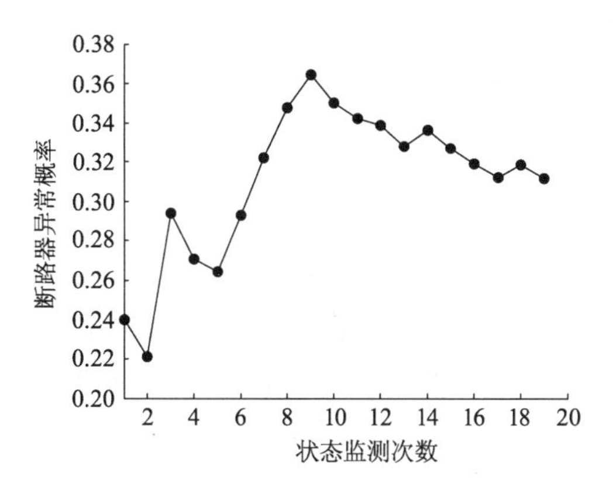

图5-18 断路器异常概率变化

5.4 考虑潜在运行风险的变电主设备检修顺序决策方法

由于电网的变电主设备数量庞大，同时有维修需求的变电主设备颇多，因此变电主设备的年度维修任务十分繁重，而变电主设备的维修顺序势必影响电网的可靠性，因此，研究如何科学合理地安排变电主设备的维修顺序，使得维修给电力系统带来的风险最小，具有重要的现实意义。本节通过分析变电主设备直接退出运行给系统带来的风险和继续运行给系统带来的风险，计算变电主设备的维修紧迫度，并据此安排变电主设备的维修顺序，减小变电主设备维修给电网带来的风险。

5.4.1 变电主设备的可靠性模型

5.4.1.1 变电主设备故障模式分类

变电主设备的故障类型按照故障后对其他非故障元件的影响可以划分为以下两类：

（1）非主动失效，也称非扩大型故障。该类型的故障不会导致任何的保护装置动作而切除其他非故障设备，是一种只有故障设备自身退出系统运行的失效类型，并在修复以后投入运行。开路故障就属于这一类型的故障。

（2）主动失效，也称扩大型故障。该类型的故障将导致故障设备的相关保护装置动作而使某些非故障设备被切，是一种除了故障设备外还有非故障设备退出系统运行的失效类型。通过一系列的倒闸操作，将故障设备从电网中隔离，使得部分或全部的非故障设备重新投入系统运行，而故障设备进入维修状态，等效于故障设备从主动失效状态调整为非主动失效状态。短路故障就属于这一类型的故障。

另外，对于断路器而言，还有一种失效模式，即断路器拒动。该类型的故障并不一定会引起非故障设备的停运，当相关线路发生故障需要断路器控制切除而断路器拒动时，则会引起下一级的保护装置动作，导致更大范围的正常元件失效。

5.4.1.2　变压器状态空间图

由于变压器的功能是传输功率，若变压器发生故障则会导致系统状态的改变而造成相邻的断路器动作，通过一系列倒闸操作，将变压器从系统中切除后，变压器进入维修状态，所以变压器的故障应为扩大型故障，故采取三状态模型：正常状态 N、非扩大型故障状态 R、扩大型故障状态 S。状态空间转移图如图 5-19 所示。根据变压器三状态空间图建立转移矩阵 $\boldsymbol{B}$ 如下：

$$\boldsymbol{B}=\begin{pmatrix}1-(\lambda_A+\lambda_P) & \lambda_A & \lambda_P \\ 0 & 1-u_A & u_A \\ u_P & 0 & 1-u_P\end{pmatrix} \tag{5.54}$$

式中，λ_A 为主动失效故障率；λ_p 为非主动失效故障率。

假设 $\boldsymbol{P}$ 为极限状态概率矢量，由马尔可夫过程逼近原理：极限状态概率在进一步转移过程中保持不变，则有

$$\boldsymbol{PB}=\boldsymbol{P} \tag{5.55}$$

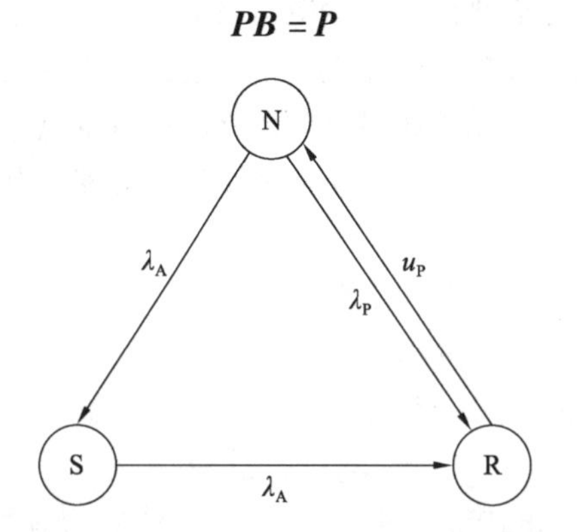

图 5-19　变压器的 3 状态空间图

由式（5.55）可得

$$\boldsymbol{P}(\boldsymbol{B}-\boldsymbol{I})=\boldsymbol{0} \tag{5.56}$$

式中，$\boldsymbol{I}$ 是单位矩阵。

对矩阵进行转置运算，可得

$$\begin{pmatrix}-(\lambda_A+\lambda_P) & 0 & u_P \\ \lambda_A & -u_A & 0 \\ \lambda_P & u_A & -u_P\end{pmatrix}\begin{pmatrix}P_N \\ P_S \\ P_R\end{pmatrix}=\boldsymbol{0} \tag{5.57}$$

式中，P_N，P_S，P_R 表示各状态的稳态概率，且满足 $P_N+P_S+P_R=1$，应用线性代数算法求解各稳态概率。

变压器进入状态 S，R 的频率分别为

$$f_S=P_S\cdot u_A \tag{5.58}$$

$$f_R=P_R\cdot u_P \tag{5.59}$$

变压器停留在状态 S，R 的时间分别为

$$T_S=\frac{1}{u_A} \tag{5.60}$$

$$T_R=\frac{1}{u_P} \tag{5.61}$$

5.4.1.3　断路器状态空间图

一个正常服役中的断路器可能的状态可以分为计划维修状态（M）、强迫维修状态（m）、故障后恢复状态（r）、正常状态（N）、误动状态（f）、拒动状态（F），以及接地或绝缘故障状态（i）。

从故障后果分析，接地和绝缘故障属于扩大型故障，记为 S；误动、故障后恢复、计划维修、强迫维修都只有断路器自身退出属于非扩大型故障，可以将状态 m、状态 f 和状态 r 合并为一个状态，记为 R。

因此，可以将断路器状态简化为四个状态，即正常状态 N、扩大型故障状态 S、非扩大型故障状态 R、断路器拒动状态 F，如图 5-20 所示。

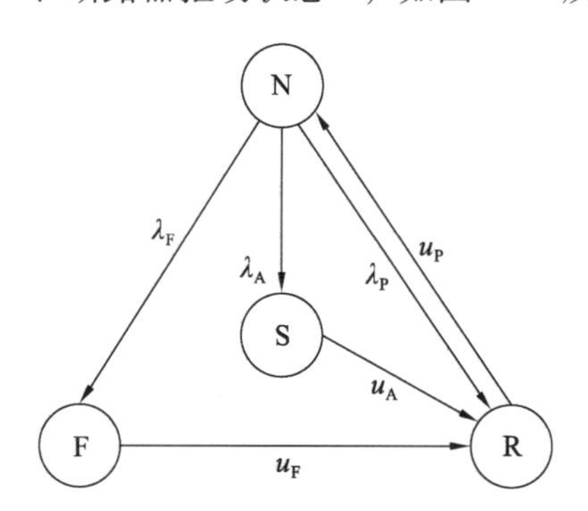

图 5-20　断路器的四状态空间图

根据断路器四状态空间图建立转移矩阵 $\boldsymbol{B}$ 为

$$\boldsymbol{B}=\begin{pmatrix}1-(\lambda_A+\lambda_F+\lambda_P) & \lambda_A & \lambda_F & \lambda_P\\ 0 & 1-u_A & 0 & u_A\\ 0 & 0 & 1-u_F & u_F\\ u_P & 0 & 0 & 1-u_P\end{pmatrix} \tag{5.62}$$

式中，λ_F 为拒动状态故障率。

假设 $\boldsymbol{P}$ 为极限状态概率矢量，由马尔可夫过程逼近原理：极限状态概率在进一步转移过程中保持不变，则有

$$\boldsymbol{PB}=\boldsymbol{P} \tag{5.63}$$

由式（5.63）可得

$$\boldsymbol{P}(\boldsymbol{B}-\boldsymbol{I})=\boldsymbol{0} \tag{5.64}$$

式中，$\boldsymbol{I}$ 是单位矩阵。

将矩阵进行转置运算可得

$$\begin{pmatrix} -(\lambda_A+\lambda_F+\lambda_P) & 0 & 0 & u_P \\ \lambda_A & -u_A & 0 & 0 \\ \lambda_F & 0 & -u_F & 0 \\ \lambda_P & u_A & u_F & -u_P \end{pmatrix}\begin{pmatrix} P_N \\ P_S \\ P_F \\ P_R \end{pmatrix}=\boldsymbol{0} \tag{5.65}$$

式中，P_N，P_S，P_F，P_R 表示各状态的稳态概率，且满足 $P_N+P_S+P_F+P_R=1$。

断路器进入状态 S，F，R 的频率分别为

$$f_S=P_S\cdot u_A \tag{5.66}$$

$$f_F=P_F\cdot u_F \tag{5.67}$$

$$f_R=P_R\cdot u_P \tag{5.68}$$

停留在状态 S，F，R 的时间分别为

$$T_S=\frac{1}{u_A} \tag{5.69}$$

$$T_F=\frac{1}{u_F} \tag{5.70}$$

$$T_R=\frac{1}{u_P} \tag{5.71}$$

5.4.2 基于检修紧迫度的变电主设备检修顺序决策

5.4.2.1 计及变电站主接线电力系统可靠性计算

（1）基于蒙特卡洛抽样的系统状态获取

在对电力系统进行可靠性评估时，首先需要获取系统的状态。系统状态是由组成元件的状态决定的，因此获取系统的状态本质上是获取系统中各元件的工作状态，并合理假设不同元件的状态是互相独立的，每个元件的状态只有正常和故障。下面采用非序贯的蒙特卡洛模拟法进行系统状态的获取。

蒙特卡洛抽样法是随机生成一个服从均匀分布的随机数，记为 U_i，U_i 的取值范围为［0，1］。将元件 i 的状态记为 S_i，其不可用率记为 λ_i。当获取的随机

数大于不可用率 λ_i 时，就认为元件 i 抽取到的状态为正常状态，反之则认为抽取到故障状态，其数学表达式为

$$\begin{cases} S_i = 0(\text{正常状态}), U_i > \lambda_i \\ S_i = 1(\text{故障状态}), U_i < \lambda_i \end{cases} \tag{5.72}$$

若电网由 M 个元件组成，用集合 S 表示该系统的状态集合：

$$S = (S_1, S_2, \cdots, S_M) \tag{5.73}$$

若电力系统状态的概率记为 $P(S)$，可靠性指标函数记为 $F(S)$，则可靠性指标的期望值 $E(F)$ 可以表示为

$$E(F) = \sum_{S \in G} F(S)P(S) \tag{5.74}$$

式中，G 表示抽样所获取到的故障状态集合。

若将状态 S 的抽样频率表示状态概率 P（S），则式（5.74）变为

$$E(F) = \sum_{S \in G} F(S)\frac{n(S)}{N} \tag{5.66}$$

式中，N 表示蒙特卡洛模拟法总的抽样次数；$n(S)$ 表示抽到状态 S 的次数。

（2）直流潮流模型

直流潮流模型是一种线性化的潮流计算方法，以基尔霍夫定律的形式表示网络的有功潮流如下：

$$\begin{gathered} \sum_{k \in N_i} A_{ik}P_{ki} = P_{Gi} - P_{Di} = P_i,\ i \in \mathbf{N} \\ P_{ij} = (\theta_i - \theta_j)/X_{ij} \end{gathered} \tag{5.67}$$

支路 $i-j$ 上的潮流为支路两端的相角差（$\theta_i - \theta_j$）除以支路上的电抗值 X_{ij}，则直流潮流模型可变为

$$\boldsymbol{B}\theta = \boldsymbol{P}_G - \boldsymbol{P}_D = \boldsymbol{P} \tag{5.68}$$

式中，$\boldsymbol{B}$ 是网络的电纳矩阵，其非对角线元素大小等于 $-\frac{1}{X_{ij}}$，对角线元素大小为 $B_{ii} = \sum_{j \in N_i, j \neq i} \frac{1}{X_{ij}}$。若已知 $\boldsymbol{P}_G$ 和 $\boldsymbol{P}_D$，即可计算出 θ，从而计算出支路潮流 P_{ij}。

（3）计及变电站主接线的最优削负荷模型

对变电主设备进行维修风险评估的关键点是在每个系统失效状态下进行计算。图 5-21 所示为输电网和变电站电气主接线的二者组合系统中的各负荷节点的负荷削减。前面所述的负荷削减模型适用于输电网，但不适用于变电站电气主接线。这是因为主接线中断路器支路没有阻抗，所以断路器支路不能并入潮流方程的雅克比矩阵中。

为了解决此问题，有学者提出将变电站电气主接线组合到输电网的负荷削减

模型中，将所有母线分成4类：

① 第一类是输电网部分中被简化的单一母线，每条母线表示一个变电站。

② 第二类是输电线路与变电站主设备（变压器或断路器）共同连接的母线，如图5-21中的母线1，2，3。

③ 第三类是在变电站内部只与变电站主接线中支路连接的母线，如图5-21中的母线4，5，6。

④ 第四类是一侧连接变电站主设备、另一侧连接负荷的母线，如图5-21中的母线7，8，9。

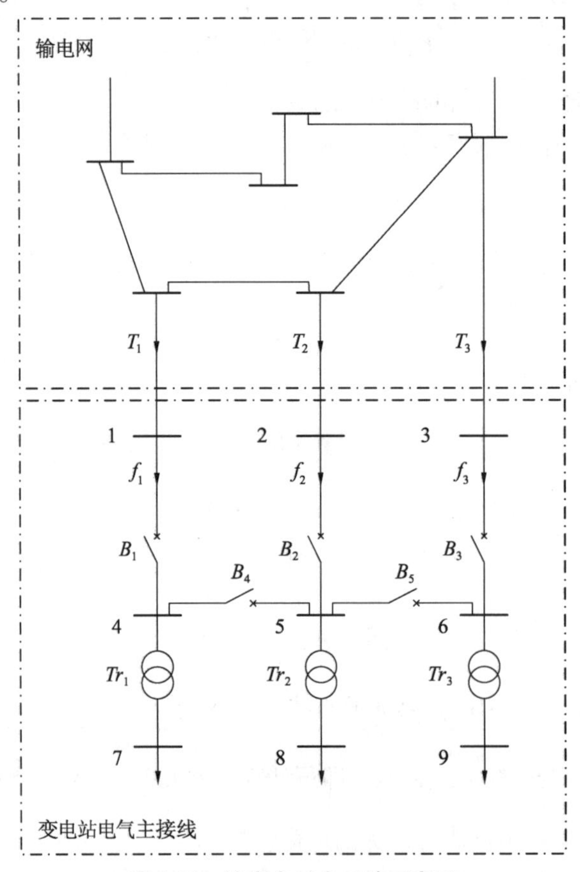

图5-21　输变电组合系统示意图

对传统输电网负荷削减模型加以推广，以计入变电站主接线。建立模型的目标是满足系统功率平衡、线性化潮流关系，变电站每一母线（节点）处满足基尔霍夫第一定律，以及在所有限值不被违反的条件下，使总的负荷削减量达到最小。

$$\min\sum_{i\in ND}W_iC_i \tag{5.69}$$

约束条件为

$$T_n=\sum_{i\in N_{B1}}A_{ni}(PG_i-PD_i+C_i)-\sum_{j\in N_{B2}}A_{nj}(\sum_{i=1}^{N_j}f_i),\ n\in LB \tag{5.70}$$

$$\sum_{i=1}^{N_j}f_i=\sum_{i=1}^{M_j}T_i,\ j\in N_{B2} \tag{5.71}$$

$$\sum_{i=1}^{N_j}f_i=0,(j\in N_{B3}) \tag{5.72}$$

$$\sum_{i=1}^{N_j}f_i=C_j-PD_j,j\in N_{B4} \tag{5.73}$$

$$\sum_{i\in NG}PG_i+\sum_{i\in ND}PG_i=\sum_{i\in ND}PD_i \tag{5.74}$$

$$(PG_i)_{\min}\leqslant PG_i\leqslant(PG_i)_{\max},i\in NG \tag{5.75}$$

$$0\leqslant C_i\leqslant PD_i,i\in ND \tag{5.76}$$

$$|T_n|\leqslant(T_n)_{\max},n\in LB \tag{5.77}$$

$$|f_n|\leqslant(f_n)_{\max},n\in LS \tag{5.78}$$

式中，T_n 表示输电网支路 n 的有功潮流；PG_i、PD_i 和 C_i 分别是母线 i 的注入功率、有功负荷和负荷削减；A_{ni}是输电网支路有功潮流与母线注入功率之间的关系矩阵 $\boldsymbol{A}$ 的元素功率；f_i 是变电站主接线中支路 i 的有功潮流；$(PG_i)_{\min}$，$(PG_i)_{\max}$，$(T_n)_{\max}$，$(f_n)_{\max}$分别是 PG_i，T_n，f_n 的限值；N_j 是母线 j 连接的变电站主接线支路数目；M_j 是与母线 j 连接的输电线支路数；NG，ND，LB 分别是发电机母线集合、负荷母线集合、输电网之路集合；LS 是变电站主接线支路集合；N_{B1}，N_{B2}，N_{B3}，N_{B4}分别是前面定义的四类母线集合；W_i 表示母线负荷重要性的权重因子。

（4）可靠性指标

电网可靠性水平可以利用一些定量的可靠性指标来评估，如失负荷概率 $LOLP$、电力不足期望值 $EDNS$、电量不足期望值 $EENS$ 等。这些可靠性指标能够反映系统全局。

① 失负荷概率，是指在已知时间段内电网无法满足负荷需求的概率，计算公式为

$$LOLP=\sum_{S\in G}\frac{n(S)}{N} \tag{5.79}$$

式中，N 表示蒙特卡洛模拟法总的抽样次数；$n(S)$ 表示抽到状态 S 的次数；G 表示抽样获得的故障状态集合。

② 电力不足期望值，是指在已知时间段内由于发电容量的不足、电网约束条件导致的电力削减的期望值，计算公式为

$$EDNS = \sum_{S \in G} \frac{n(S)}{N} \cdot C(S) \tag{5.80}$$

式中，$C(S)$ 表示系统状态 S 的负荷削减量。

③ 电量不足期望值，是指在已知时间段内因发电容量的不足、电网约束条件造成电量削减的期望值，计算公式为

$$EENS = EDNS \cdot T = \sum_{S \in G} \frac{n(S)}{N} \cdot C(S) \cdot T \tag{5.81}$$

式中，T 表示已知时间段的小时数。

电力系统可靠性评估流程如图 5-22 所示。

5.4.2.2　变电主设备维修风险评估

（1）直接退出运行的风险成本

电力系统元件众多，网络拓扑结构多种多样，变电主设备在系统网络拓扑中的不同位置对电网可靠性的影响程度是不同的，因此，变电主设备维修决策不能仅依据设备自身状态安排维修，还应该考虑变电主设备退出运行后电网风险的增加。计算步骤如下：

① 电网中的变电主设备都在正常工作，但可能随时会出现故障，计算此时电网的可靠性指标 $EENS_{\mathrm{b}}$，即系统正常运行的基本风险指标；

② 变电主设备由于维修需求而退出系统运行，剩余系统继续正常工作，但可能随时出现故障，计算此时电网的可靠性指标 $EENS_{\mathrm{m}}$，即变电主设备维修退出后剩余系统的风险指标；

③ 变电主设备维修退出运行将导致电网风险的增加，计算该电网的风险增量：

$$\Delta EENS = EENS_{\mathrm{m}} - EENS_{\mathrm{b}} \tag{5.82}$$

④ 计算变电主设备退出系统运行后的风险增量成本：

$$\sigma = (EENS_{\mathrm{m}} - EENS_{\mathrm{b}})\, c_{\mathrm{price}} \tag{5.83}$$

式中，c_{price} 为电价。

（2）继续运行的潜在风险成本

当变电主设备可靠性较低、需要开展维修操作时，若设备继续运行可能会给电力系统造成更大的潜在风险，因此在评估变电主设备的维修对系统造成的风险时，不仅要分析设备退出运行后的系统风险，还要比较设备靠后维修而继续运行时给电网带来的潜在运行风险。

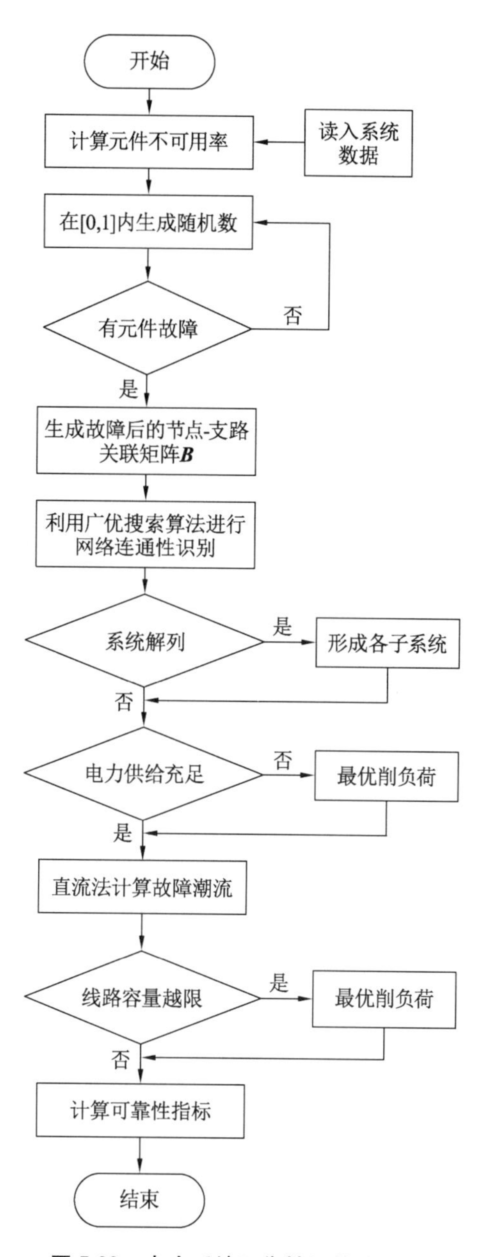

图 5-22　电力系统可靠性评估流程图

下面以图 5-23 所示的断路器 3/2 接线为例，对断路器延迟维修存在的潜在运行风险进行分析。假设正常工作时该接线内的所有断路器都处于闭合状态。

以联络断路器 QF2 为例，对断路器运行过程的潜在风险进行分析：

① 断路器 QF2 发生扩大型故障，即处于状态 S：断路器 QF1 和 QF3 跳闸导

致 T1 和 WL1 停运，通过 QF2 两侧隔离开关将 QF2 隔离维修，QF1 与 QF3 重合，变压器 T1 和线路 WL1 恢复运行，即断路器 QF2 转移至状态 R。

② 断路器 QF2 发生非扩大型故障，即处于状态 R：将不会对其他非故障设备造成影响。

③ 断路器 QF2 发生拒动即处于状态 F：若线路 WL1 或变压器 T1 发生故障，断路器 QF1 和 QF3 跳闸，则经故障隔离，转移至状态 R。

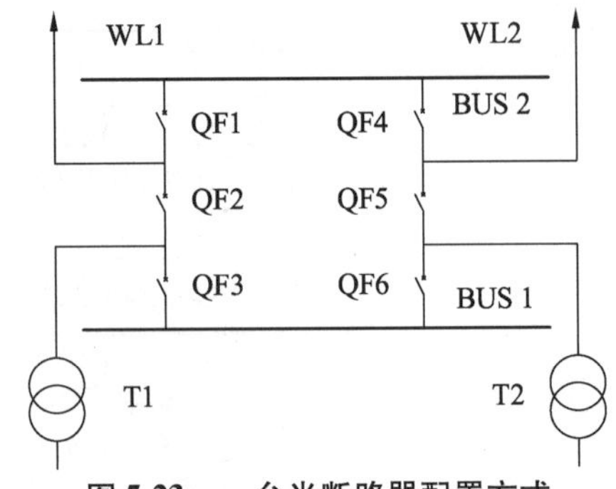

图 5-23　一台半断路器配置方式

同理，其他断路器的状态转移过程如图 5-24 所示。

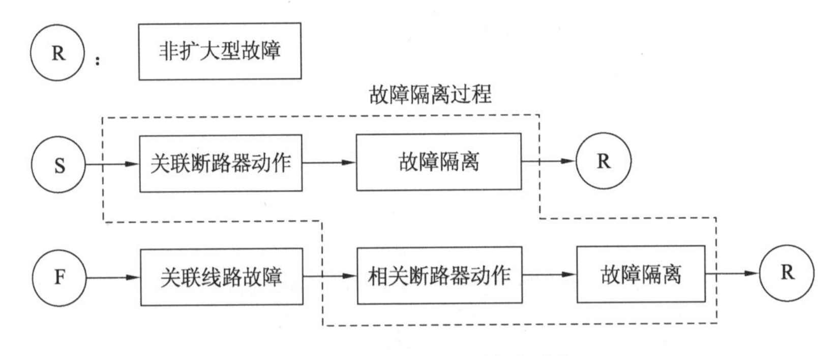

图 5-24　断路器状态转移过程

断路器不同状态对系统可靠性的影响程度不同。假设断路器 QF2 主动失效的故障率为 λ_A，非主动失效的故障率为 λ_P，拒动的故障率为 λ_F，停留在状态 R，S，F 的平均持续时间分别为 T_R，T_S，T_F，则断路器由于延迟维修而运行时给系统带来的潜在风险成本为

$$\xi = [f_R \cdot EENS_R \cdot T_R + f_S \cdot EENS_S \cdot T_S + (P_{WL1} + P_{T1}) \cdot f_F \cdot EENS_F \cdot T_F] \cdot c_{price} \tag{5.84}$$

式中，$EENS_R$，$EENS_S$，$EENS_F$ 分别为状态 R，S，F 时系统期望缺供电量；f_R，f_F，f_S 分别为断路器处于状态 R，F，S 的频率；c_{price} 为电价；P_{WL1}，P_{T1} 分别为线路 WL1 和变压器 T1 在断路器 QF2 拒动时发生故障的概率。

5.4.2.3　基于维修紧迫度的维修顺序决策

由于变电主设备在同一时间段投运，且运行环境类似，因此存在多台变电主设备最佳维修时间段重叠的情况，即被安排在相同年度或月度中维修。当多个变电主设备被安排在同一时间段维修时，其维修顺序应该综合考虑各变电主设备继

续运行对系统潜在风险的贡献度及自身退出对剩余系统的影响。定义变电主设备维修紧迫度为

$$\gamma = \frac{8760\xi - \sigma \cdot c_{\text{price}}}{8760\xi} = 1 - \frac{(EENS_{\text{m}} - EENS_{\text{b}}) \cdot c_{\text{price}}}{8760\xi} \tag{5.85}$$

式中，ξ 为变电主设备运行的潜在风险成本；$EENS_{\text{b}}$ 为系统基本风险指标；$EENS_{\text{m}}$ 为变电主设备退出系统后系统的风险指标；c_{price} 为电价。

若变电主设备继续运行的潜在风险越大、而退出运行系统风险量越小，则变电主设备维修紧迫度越高，说明变电主设备应该越靠前维修。

5.4.3　变电主设备部件维修级别决策方法

预防性维修只是针对变电主设备的局部维修，或者是对某些部件重点维修，而不是对所有部件均等维修，否则维修费用较高且容易造成维修过度，因此，需要科学地决策变电主设备部件的维修级别。本节将部件的维修级别划分为重点维修、一般维修、重点监测或事后维修。对于故障严重影响变电设备整体运行性能的部件及故障频率较高的部件，应该采取重点维修；而对于故障不太影响变电设备整体运行性能或故障频率较低的部件，应该采取轻微维修。变电主设备部件的维修级别，应该由部件的各个故障模式的后果严重程度和发生比例两个因素决定。

5.4.3.1　变电主设备的结构及功能

（1）变压器结构及功能描述

大型电力变压器一般由有载分接开关、器身、绕组、铁芯、非电量保护、套管、绝缘油、冷却系统等主要部件组成。油浸式变压器部件组成结构如图5-25所示，各部件的功能如图5-26所示。

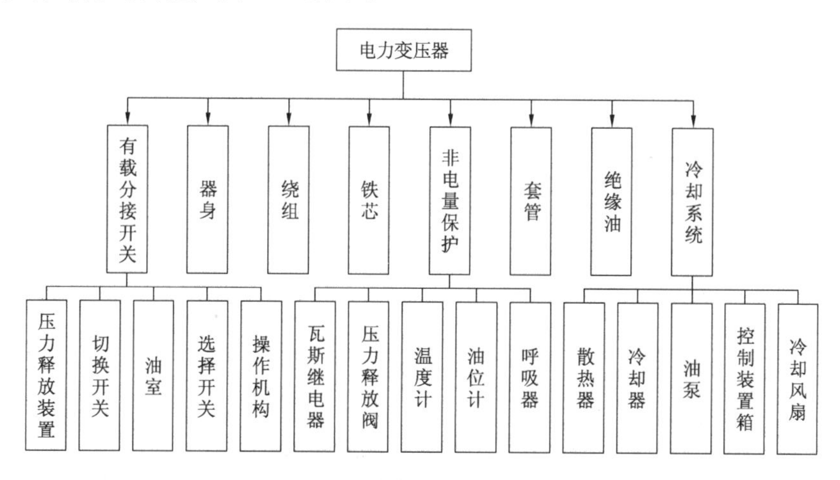

图5-25　油浸式变压器部件组成结构图

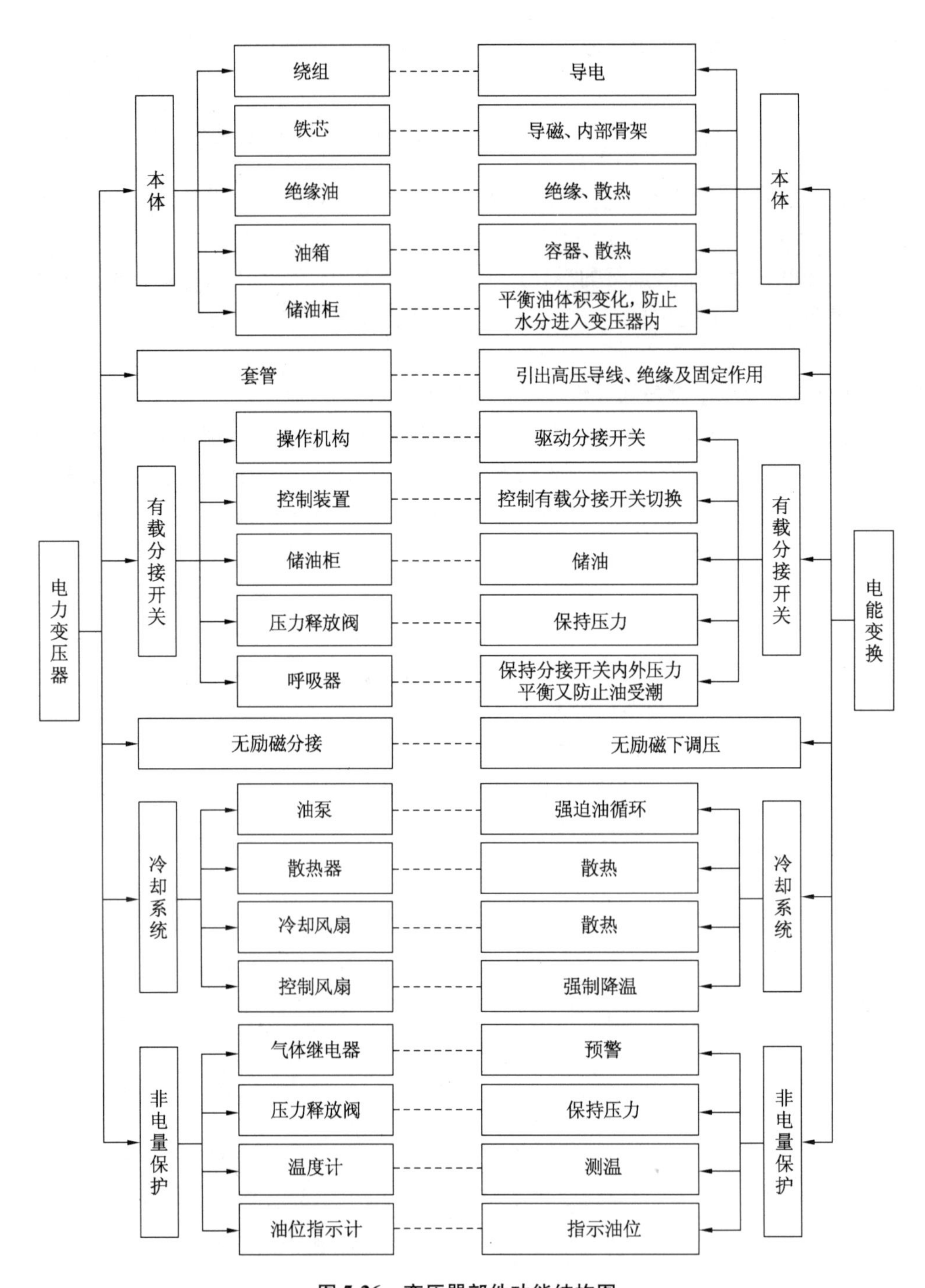

图 5-26　变压器部件功能结构图

（2）断路器结构及功能描述

高压断路器能在系统故障与非故障的情况下实现多种操作，在电网中的功能主要包括：控制作用，即将指定的设备及线路退出或投入系统运行；保护作用，即在电力设备、输电线路等出现故障时，将故障回路快速切除，确保系统中非故障回路继续运行。断路器型号比较多，结构也不尽相同，但断路器的主要功能部件却是类似的，主要包括开断元件（导电部分和灭弧部分）、操动机构（操动元件和传动元件）、绝缘部分，如图5-27所示。各部件的功能如表5-10所示。

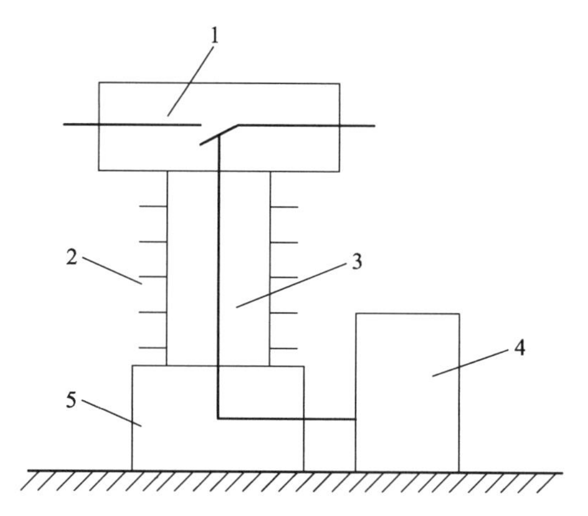

1—开断元件；2—绝缘支撑元件；3—传动元件；4—操动元件；5—基座

图5-27　断路器基本结构示意图

表5-10　断路器各部件功能描述

功能部件名称			功能说明
开断元件	导电部分	动、静弧触头	通过工作电流和短路电流
		主触头	
		中间触头	
		过渡连接	
	灭弧部分	动、静弧触头	保证导电部分对地之间、不同相之间、同相断口之间具有良好的绝缘状态
		喷嘴	
		压气缸	
操动机构		操动元件	实现对断路器规定的操作程序，并使断路器能够保持在相应的分、合闸位置
		传动元件	

续表

功能部件名称		功能说明
绝缘部分	SF6 气体	提高熄灭电弧的能力，缩短燃弧时间
	瓷套	
	绝缘拉杆	

5.4.3.2　变电主设备部件重要度

预防性维修只是针对变电主设备的局部维修，或者是对某些部件重点维修，而不是对所有部件均等维修，否则维修费用较高且容易造成维修过度的现象。变电主设备部件的维修级别，应该由部件的各个故障模式的后果严重程度和发生比例两个因素决定。

表 5-11 中将设备故障按照后果严重程度分为轻度性故障、临界性故障、致命性故障和灾难性故障四类，并对部件的各故障严重度等级赋予后果权重值，从而实现变电主部件故障严重程度的定量分析。

表 5-11　故障严重程度等级表

严重度等级	严重程度描述	后果权重 w
Ⅰ类：轻度性故障	不太影响设备运行，但是需要进行非计划维修	2
Ⅱ类：临界性故障	设备性能轻度下降或者轻度受损	4
Ⅲ类：致命性故障	设备性能严重下降或者严重受损，必须立即停运	6
Ⅳ类：灾难性故障	设备爆炸或者完全损坏	8

设备部件 m 的各故障模式发生比例为

$$P_{mj} = \frac{N_{mj}}{N} \tag{5.86}$$

式中，N_{mj}为统计的时间内部件 m 以模式 j 形式的故障次数；N 为在统计时间段内设备总的故障次数。

设备部件的故障发生比例为

$$P_m = \sum_{j=1}^{s} P_{mj} \tag{5.87}$$

式中，P_{mj}为部件 m 的故障模式 j 的发生比例；s 为部件 m 的故障模式总数。

变电主设备部件的维修决策指标由其故障后果严重程度和发生比例双重决定。于是，定义部件重要度为其所有故障模式的后果权重与发生比例的积之和为

$$M(m) = \sum_{j}^{s} P_{mj} \cdot w_{mj} \tag{5.88}$$

式中，s 为部件 m 的故障模式总数；P_{mj} 为部件 m 的故障模式 j 的发生比例；w_{mj} 为部件 m 的故障模式 j 的故障后果权重。

5.4.3.3　变电主设备部件维修级别决策图

对变电设备开展维修本质上是对其部件开展维修，而预防性维修是一种非均等性的维修。因此，对变电设备部件开展维修时，分为重点维修、一般维修、注意监测、事后维修四个维修级别。利用式（5.88），计算部件重要度作为变电主设备部件维修级别决策指标可划分为四种级别，其维修级别决策图如图5-28所示。

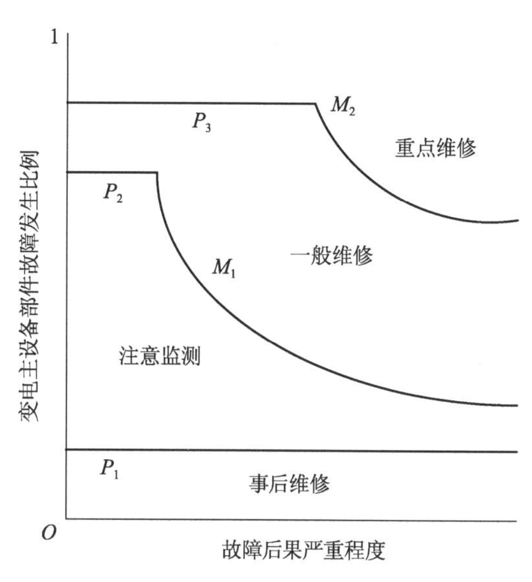

图5-28　变电主设备部件维修级别决策图

首先，通过设备部件的故障发生比例——初始门槛值 P_1，明确事后维修的部件，即坏了才修。然后，根据变电主设备部件的重要度划分维修级别，设置维修重点界限 M_1、M_2。如果部件重要度 $M(m) < M_1$，则对部件只需重点监测；如果部件重要度 $M_1 < M(m) < M_2$，则对该部件进行一般维修；若部件重要度 $M(m) > M_2$，则该部件的维修级别为重点维修。

但是，对于故障后果严重度不高而故障发生频率较高的部件，其维修级别也应该为重点维修。由图5-28可知，当部件重要度小于 M_2 但其故障发生比例大于 P_3 时，需对该部件重点维修；当部件重要度小于 M_1 但其故障发生比例大于 P_2 时，需对该部件一般维修。变电主设备部件维修级别决策流程如图5-29所示。

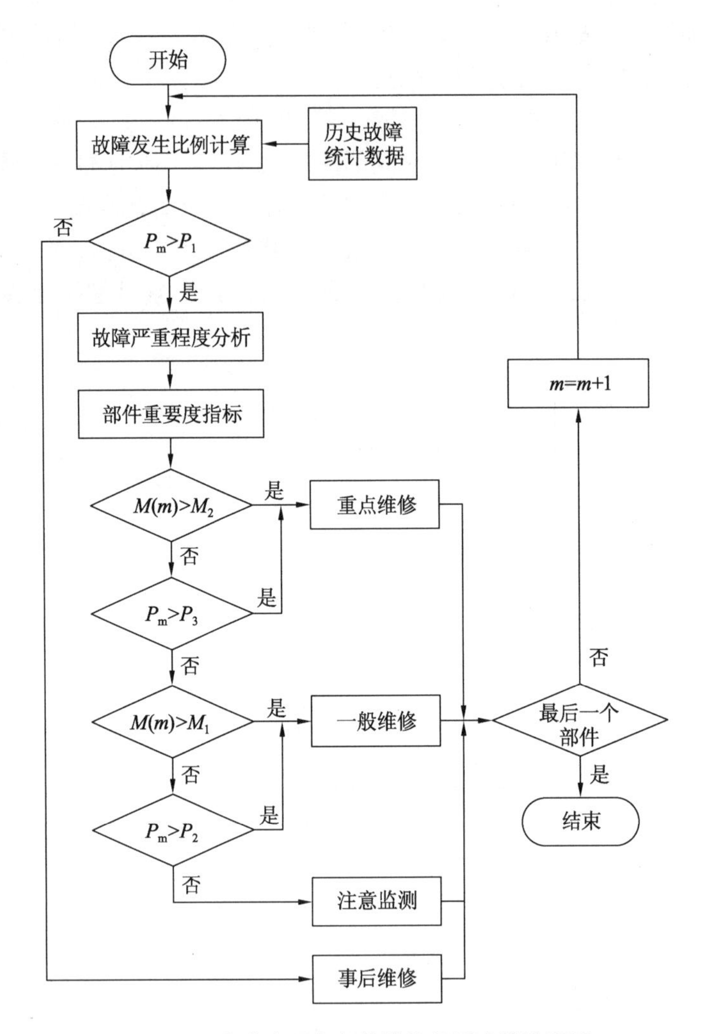

图 5-29　变电主设备部件维修级别决策流程图

5.4.4　算例分析

5.4.4.1　变电主设备的维修顺序决策算例分析

下面采用 IEEE-RBTS 系统中 3#变电站和 4#变电站的断路器维修顺序决策为例进行算例分析。RBTS 的网络拓扑图如图 5-30 所示。

由 RBTS 系统参数可知，系统中断路器的主动失效的故障率 $\lambda_A=0.0066$ 次/年，被动性故障率 $\lambda_P=0.0005$ 次/年，平均故障停电时间 $t_f=72$ h，转换时间 $t_{sw}=1$ h，则 $u_P=1/t_f$，$u_A=u_F=1/t_{sw}$，假设断路器拒动故障率 $\lambda_F=0.0045$ 次/年。

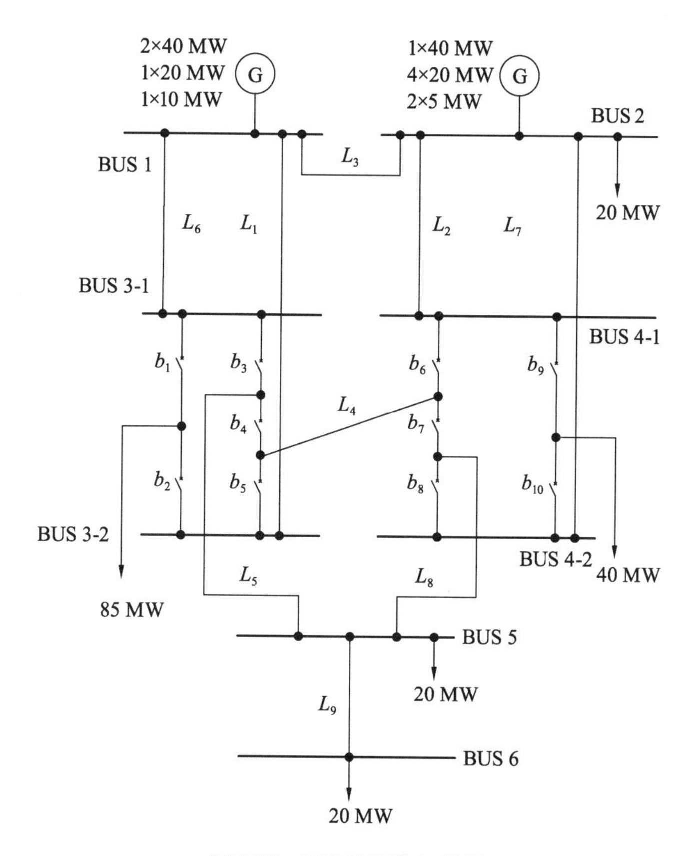

图 5-30　RBTS 网络拓扑图

经计算，系统基本风险为 293. 2848 MWh/年，断路器退出系统后系统风险增量成本及断路器继续运行的潜在风险成本如表 5-12 所示。

表 5-12　断路器风险增量成本 σ 和潜在风险成本 ξ 的计算结果

断路器	$\Delta EENS$/（MWh·年$^{-1}$）	σ/万元	8760ξ/万元
b1	51. 8592	2. 5930	231. 7812
b2	163. 1112	8. 1556	236. 7628
b3	57. 9912	2. 8996	8. 0184
b4	168. 3672	8. 4184	10. 6923
b5	102. 6672	5. 1334	8. 1229
b6	36. 0912	1. 8046	8. 7913
b7	5. 4312	0. 2716	8. 3309
b8	100. 9152	5. 0458	7. 9422
b9	71. 1312	3. 5566	61. 3955
b10	0. 1752	0. 0088	60. 9564

如果按照传统方法，只根据维修退出后系统风险增量来确定维修顺序，则其维修顺序如图 5-31 所示，依次是断路器 10，7，6，1，3，9，8，5，2，4。

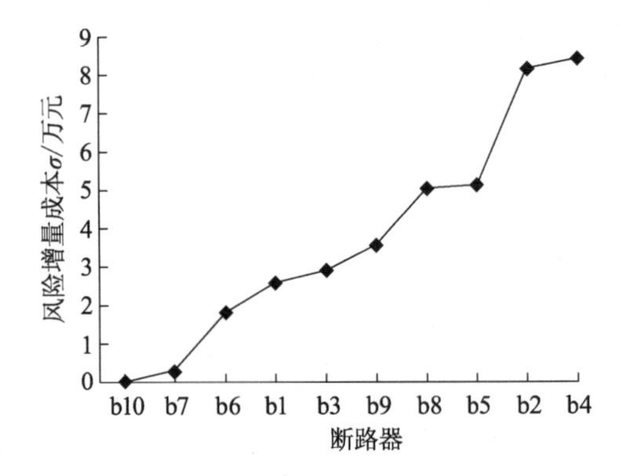

图 5-31　基于风险增量成本的维修排序

变电设备继续运行可能会给电力系统造成更大的潜在风险，因此在考虑设备对电网可靠性的影响时，需分析设备继续运行的潜在风险。经计算，断路器维修紧迫度 γ 从大到小排序如表 5-13 所示，则其维修顺序为断路器 10，1，7，2，9，6，3，5，8，4。

表 5-13　断路器维修紧迫度排序

断路器	γ
b10	0. 9999
b1	0. 9888
b7	0. 9674
b2	0. 9656
b9	0. 9421
b6	0. 7947
b3	0. 6384
b5	0. 3680
b8	0. 3647
b4	0. 2127

以断路器 b2 和 b3 进行分析，断路器 b2 维修退出后系统风险增量成本为 8. 1556 万元，断路器 b3 维修退出后系统风险增量为 2. 8996 万元。按照传统方法，退出断路器 b2 时系统风险增量成本比退出断路器 b3 时高 8. 1556 – 2. 8996 = 5. 256 万元，也即退出断路器 b3 系统风险成本增量更小，所以应该先维修 b3。但是，断路器 b2 继续运行对系统的潜在风险成本为 236. 7628 万元，而继续运行

断路器 b3 对系统的潜在风险成本为 8.0184 万元，可见继续运行断路器 b2 对系统的潜在风险远大于退出断路器 b3，因此先维修 b2 更为合理。

5.4.4.2　变电主设备部件的维修级别决策算例分析

根据西南地区某市供电局近十年间的变压器历史故障记录，对设备部件的各种故障模式进行后果严重程度归类，对所提的变电主设备部件维修级别决策方法进行验证。

经计算，得到变压器部件故障模式发生比例如表 5-14 所示。按照式（5.88）计算出各个部件的重要度值如表 5-15 所示。

表 5-14　变压器部件故障模式发生比例

部件名称	故障模式	严重等级	后果权重	发生频率	部件故障频率
绕组	过热故障	Ⅳ	8	0.0664	0.0828
	绕组松动变形移位	Ⅱ	4	0.0123	
	短路绝缘击穿故障	Ⅲ	6	0.0041	
铁芯	铁芯烧毁	Ⅳ	8	0.0741	0.1462
	铁芯多点接地	Ⅱ	4	0.0205	
	铁芯接地不良	Ⅱ	4	0.0269	
	铁芯动态接地	Ⅰ	2	0.0247	
引线	引线接触不良	Ⅱ	4	0.0742	0.0826
	引线对地短路	Ⅱ	4	0.0084	
套管	绝缘受潮	Ⅰ	2	0.0252	0.2595
	套管漏油	Ⅰ	2	0.1049	
	套管爆炸	Ⅲ	6	0.0041	
	套管开焊	Ⅱ	4	0.0123	
	内部局部放电过热	Ⅱ	4	0.1130	
分接开关	分接开关挡序错乱	Ⅱ	4	0.1020	0.1102
	分接开关桶体爆炸	Ⅲ	6	0.0082	
油	漏油	Ⅰ	2	0.1170	0.2052
	受潮	Ⅰ	2	0.0246	
	热老化	Ⅱ	4	0.0573	
	局部放电	Ⅰ	2	0	
	金属颗粒等杂质污染	Ⅰ	2	0.0063	
冷却系统	冷却器全停	Ⅱ	4	0.0205	0.0889
	散热效果下降	Ⅰ	2	0.0684	
油箱	过热放电	Ⅰ	2	0.0041	0.0246
	油箱漏油	Ⅰ	2	0.0205	

表 5-15　变压器部件重要度值

部件名称	重要度
套管	0. 7860
铁芯	0. 8318
绕组	0. 6050
油	0. 5250
分接开关	0. 4572
引线	0. 3304
冷却系统	0. 2188
油箱	0. 0492

假设变电主设备部件的维修级别决策图中，事后维修与注意监测的故障发生比例分界线 P_1 为 0. 05；注意监测与一般维修的故障发生比例分界线 P_2 为 0. 1，部件重要度分界线 M_1 为 0. 3；一般维修与重点维修的故障发生比例分界线 P_3 为 0. 2，部件重要度分界线 M_2 为 0. 5。变压器各部件的维修级别如表 5-16 所示。

表 5-16　变压器各部件的维修级别

部件名称	维修级别
套管	重点维修
铁芯	重点维修
绕组	重点维修
油	重点维修
分接开关	一般维修
引线	一般维修
冷却系统	注意监测
油箱	事后维修

第6章 主动式电网营销技术

6.1 引言

在未来的市场环境下，电网的营销工作不再是传统的“客户提需求，企业解决”模式，而是通过大数据分析，掌握客户的行为习惯，供电企业主动为客户提供服务。可见，大数据已成为未来营销技术的基础。营销大数据能让人产生什么新的认知？创造哪些新的价值？这不只是企业或行业的技术行为，在经济新常态下，大数据已经成为一种生产资料、一大新兴产业、一个必须抓住的重大机遇。

2016年7月19日，国家电网公司2016年年中工作会议的第二天上午，时任公司董事长、党组书记舒印彪及全体会议代表都在认真听课。两节课共同聚焦“大数据”。“想象一下，未来电网不只是知道客户用了多少度电，而是每一度电都用到了哪里，国家电网公司将可以做更多的事情。”主讲人之一——阿里巴巴集团技术委员会主席王坚说，“哪怕只是一次交费活动，都应该产生更大的价值。”价值，在大数据发展过程中被反复提及。2014年，大数据首次进入政府工作报告，提出“要设立新兴产业创业创新平台，在新一代移动通信、集成电路、大数据、先进制造、新能源、新材料等方面赶超先进，引领未来产业发展。”随后，有分析称，创造新的就业、培育新的增长点，在经济新常态下，无疑是大数据的重要价值。2015年10月，党的十八届五中全会提出实施国家大数据战略。大数据正在成为经济社会发展新的驱动力。随着云计算、移动互联网等网络新技术的应用、发展与普及，社会信息化进程进入数据时代，海量数据的产生与流转成为常态。大数据的量级有多少？2014年，一组名为“互联网上一天”的展示数据表明，一天之中，互联网产生的全部内容可以刻满1.68亿张DVD；发出的邮件有2940亿封之多，相当于美国两年纸质信件的数量；发出的社区帖子达200万个，相当于《时代》杂志770年的文字量。预计到2020年，全球数据使用量将达到约400亿TB。大数据涵盖经济社会发展的各个领域，得到国家层面的支持。传统行业的发展随之面临颠覆性改变，任何一个优秀的企业都需要思考今后的发展模式。课程另一主讲人——华为技术有限公司信息技术工程部部长苏立清说，每个企业的运作模式都发生了根本性改变，包括国家电网公司、华为技术有限公司等企业曾经都是靠业务驱动的企业。依靠业务和技术双轮驱动，企业发展可能会走向新的高度。“然而，‘互联网 +’不能简单用互联网颠覆企业。而是传统企业通过拥抱互联网，积极使用互联网技术，推动企业信息化发展，从而为企业服务。”他强调。

挖掘数据、开发数据价值成为共识。国家电网公司已经意识到大数据作为新兴产业的力量，“大数据”不只屡次出现在该次会议报告中，2015 年，国家电网公司还发布了《国家电网公司大数据应用指导意见》，明确到 2020 年将要实现的目标。2015 年年底，国家电网公司对总部、山东、上海、江苏、浙江、安徽、福建、湖北、四川和辽宁 10 家单位大数据平台试点实施了部署并完成上线试运行。据中投顾问研究显示，在全球七大重点领域（教育、交通、消费、电力、能源、大健康和金融）内，大数据的应用价值预计在 32200 ~ 53900 亿美元，其中电力达到 3400 ~ 5800 亿美元。电力行业面临前所未有的机遇。电力进入电网，从输送、调度、配电、变电，直到送给客户使用，每个环节、每个瞬间都会产生海量的数据。然而，这些海量的数据都有价值吗？哪些对业务决策真正有用？怎样分类挖掘？这是摆在眼前的切实问题。中国电力科学研究院技术战略研究中心高级工程师邓春宇表示，国家电网公司的大数据量大、分布广、类型多，背后反映的是电网运行方式、电力生产方式、客户消费习惯等信息。这些数据如果能挖掘分析好，就能释放大数据真正的价值。他比喻，大数据好比是一个金矿，但是，想挖出金子也并非易事，做大数据是非常考验智慧的。

6.2 基于大数据的主动式营销技术应用现状

6.2.1 大数据在精准预测领域的应用

2015 年 4 月，国网江苏省电力公司做了一个超乎寻常的预测，他们预计江苏全省当年的用电高峰将出现在 8 月 6 日，最高负荷将达到 8481 万千瓦。天气预报尚且无法知晓 4 个月以后的准确天气，在盛夏到来之前就测算出负荷高峰日期和用电量，这听起来简直是“天方夜谭”。然而 4 个月之后的 8 月 5 日，江苏省出现用电高峰，最高负荷 8440 万千瓦，与预测日期只相差 1 天，预测负荷只差了 41 万千瓦。在国家电网公司 2016 年年中工作会议间隙，国家电网公司信息通信部主任王继业讲述了这个故事，他说，这得益于对电网大数据价值的挖掘。电网大数据的类型有多复杂？仅以国网江苏电力的负荷预测为例，其涉及多种数据类型。天气情况、实时曲线、生产运行结构化数据、三维地理地形，都是大数据分析电网负荷的类型之一。挖掘如此复杂的“金矿”，变现的最终目的在于变现后的增值。它将成为电网智能发展的关键，电网与互联网深度融合，成为具有信息化、自动化、互动化特征，功能强大且应用广泛的智能电网。

国家电网公司 2016 年年中工作会议报告中提到，2016 年上半年，国家电网公司已经在售电量预测、用电信息采集、线损管理、输变电设备状态监测等方面深化大数据应用，并取得实效。挖掘并充分利用电网中的相关数据，也将实现经营管理的增值。国家电网公司营销部在国家电网年中工作会上表示，未来将强化数据共享和信息支撑，为电网规划、安全生产提供数据支持；建设电力客户标签库，从服务优化、降本增效、市场开拓、数据增值四方面深挖数据价值，继续提升运营效益。强化"量价费损"分析预测，构建预测分析模型，实现"量价费"精准预测和台区线损异常智能诊断，构建分用电结构、产业结构的电价分析模型，实现经营效益影响的精准预测。此外，对电网大数据中的客户消费习惯等进行变现，将实现服务的增值，对客户大数据的开发也改变着行业。以汽车行业为例，阿里巴巴和上汽开展了一项合作。过去，汽车用户在使用汽车时是不对汽车生产公司产生价值的，而有了互联网，汽车就可以成为新的互联网成员，用户使用汽车的数据可及时得到反馈，这为传统汽车行业带来了改变。数据检验数据，在大数据平台试点上线运行后，国网山东电力基于大数据技术的用电负荷特性分类精度提升了 10%；国网上海电力预测未来一天或未来一个月各区域、不同电压等级的设备故障量可能发生的数量区间，精度超过 70%；国网浙江电力客户用电行为细分处理效率提升 30%；国网安徽电力防窃电分析工作效率提升 50% 以上；国网福建电力短期重过载预警准确度超过 80%；国网四川电力停电计划编制效率提高 30%；国网客服中心人工服务接通率提升 30%，客户等待时间减少 20%，提升了客户服务能力……"我们的试点工作目前还没有达到全面应用推广的阶段"，王继业表示。但目前国家电网公司从上到下都有了应用大数据的意识，领导层面也督促大家自觉利用大数据进行监测、服务、经营管理、生产等各方面的工作。再过两三年的时间，大数据有望从试点实现全面的推广应用。全球能源互联网研究院计算及应用研究所也在进行大数据的相关研究，所长高昆仑在接受采访时建议，要实现推广应用，还需要研发出一个简单、便捷、实用的工具，让广大一线的业务人员也能自主开展大数据分析挖掘工作，让数据物尽其用。他举例说，如果说大数据是一个矿，那么现在只有会开挖掘机的专业队伍，如科研人员，才能挖矿；而业务人员由于没有合适工具挖不了矿，不能应用大数据。从输变电、配用电到原网荷协调、调度控制、营销等各个环节，一个完整的数据链条更有利于盘活资源，真正将资源转化为生产力，继而实现未来电网大数据的产业化。而数据的融合至关重要，要让公司内部的数据和外部的社会数据关联起来，产生 1 + 1 > 2 的效果。

6.2.2　大数据在精准服务领域的应用

2016年4月底，国家电网公司客户服务中心北方分中心的员工周洁成为被媒体采访的对象，因为她亲身经历了大数据给她工作带来的变化：通过使用大数据个性化工具——客户画像，平均通话时长从170秒减至128秒，服务评价推送率由97.1%升至99.21%，客户满意率由98.80%升至99.86%。在各项基本指标不变的情况下，1名经过客户画像专题培训的新员工每天可多接听26通电话。这样算来，整个中心的1500余名客服专员每天可以多接听3.9万多通电话。利用大数据为客户画像，能够清楚了解客户的类型和特点，实现有针对性的沟通，从而提高效率，更好地为客户服务。国网电动汽车服务有限公司党组书记、副总经理李宝森在接受记者采访时表示，国网电动汽车公司成立半年多即开发上线了车联网平台、应用于电动汽车充电服务的“e充电”APP，以及应用于电动汽车租赁的“如易行”APP，研制了被称为“智慧心”的远程计费控制TCU，车联网已接入充电桩2.6万个。加大大数据应用和车联网平台建设力度，实现财务收费、客户关系管理、设施监控、运维检修、充电服务、电动汽车租赁等业务线上运行。他将大数据称为“生产资料”，它在电动汽车发展中可谓功不可没，未来还将发挥更大的作用。

为了生成新的驱动力，国家电网公司提出，将继续提升科技创新能力和水平；加强信息化建设；优化骨干传输网和省级通信网，加快终端通信网建设，2016年建成14家单位信息交换核心网；加快建设一体化“国网云”平台和全业务统一数据中心，提升信息储存、传输、集成、共享水平；加强“大云物移”新技术应用研究；深化负荷预测、设备运维、车联网、新能源等业务大数据应用，提高数据资产价值。

6.3　基于节能型智能插座的用电大数据收集方案

6.3.1　用电大数据的背景

6.3.1.1　待机能耗

随着科技的进步，越来越多的数码产品和电器进入家庭。电视机、空调、冰箱、热水器等高能耗电器为人类的生活创造了非常多的便利，但同时也造成家庭能源消耗的急剧增长，尤其是待机功耗的浪费与全球范围开始倡导的“低碳地球”背道而驰。国际经济合作组织的一项调查称，各国因待机而消耗的能量约占能耗总数的3%～13%，具体的统计数据如下：澳大利亚12%左右，韩国11%左右，德国10%左右，英国8%左右，日本7%左右，美国5%左右，芬兰5%左右。目前，我国城市家庭的平均待机能耗已经占到家庭总能耗的10%左右，相当于每个家庭使用着一盏15～30 W的“长明灯”。待机能耗像一只隐形的吸血虫，在浪费能源的同时形成巨大的环保压力。

“待机能耗”是指具有待机功能的电器设备在不使用的时候，没有断开电源所发生的电能消耗。具有待机能耗的电器设备主要有空调、电脑与通信系统（包括计算机主机、显示屏、计算机音响、打印机、扫描仪、充电器、路由器等)、家庭视频与音频系统（包括电视机、DVD、VCD、音响、功放、机顶盒、卫星接收器等)。为了避免频繁插拔电器插头的麻烦，许多用户很习惯地采用不断开电源，使电器长期处于待机状态。待机功能在为居民用户提供便利的同时，也造成大量的能源浪费。此外，不断开电器电源，电器长期处于待机或工作状态，还可能会引起灾难性事件。

根据国际能源总署的权威数据：电器的“待机能耗”占家庭总耗电量的3%～13%。我国该项数据高于平均水平。传统的机械电表灵敏度差，不能有效检测电器的“待机电流”，造成电量的少计量，给供电企业带来巨大的损失。据调查，若家中所有的电器都处于待机状态，每个月都会浪费约80度电，其中，电饭煲每个月浪费约14.3度电，音响和功放约14.1度，机顶盒约5度……实际生活中，城市家庭每个月的“待机能耗”平均可达20度/户，由此可以推算一个50万户的城市，一年的“待机能耗”达1.2亿度；全国8亿城市人口，“待机能耗”可达384亿度；全球“待机能耗”的数字更加惊人。电器“待机能耗”具体如表6-1和图6-1所示。

表6-1　电器“待机能耗”表

电器名称	待机功率/W	待机能耗/（度·月$^{-1}$）	待机能耗/（度·年$^{-1}$）	占比
饮水机	20	14.4	172.8	18.07%
电饭煲	19.8	14.3	171.2	17.94%
音响	12.35	8.9	106.7	11.17%
打印机	9.08	6.5	78.5	8.16%
音箱	7.25	5.2	62.6	6.52%
计算机	6.2	4.5	53.6	5.65%
油烟机	6.06	4.4	52.4	5.52%
热水器	6	4.3	51.8	5.40%
传真机	5.71	4.1	49.2	5.14%
其他	18.21	13.1	157.4	16.44%
总数	110.66	79.7	956.2	100.00%

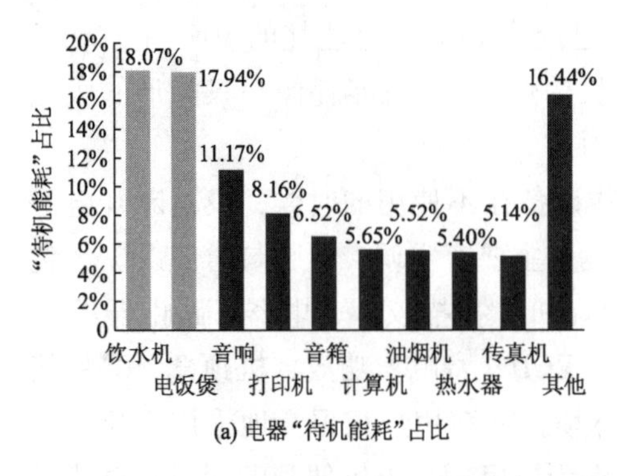

(a) 电器“待机能耗”占比

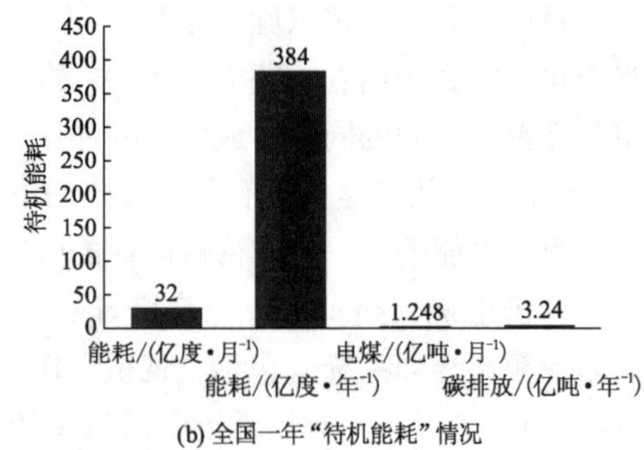

(b) 全国一年“待机能耗”情况

图 6-1　电器“待机能耗”图

“十三五”期间，我国智能电表将实现“全覆盖”。智能电表具有精度高和功能齐全的特点，能准确计量“待机能耗”，弥补传统机械表的缺陷。但是，它同时给供电企业造成两个困扰：① 智能电表能计量“待机能耗”，但并不能阻止“待机能耗”被浪费。② 更换智能电表以后，用户每个月的电费较往年同期将会增加一些，找不到原因的用户会认为是“电表被蓄意加速”，导致很多用户对智能电表产生严重的排斥和质疑。以上问题将会降低用户对供电公司的满意度，加剧供用关系的紧张局面。可见，“待机能耗”问题亟须解决。

目前，公认的解决“待机能耗”问题的途径是采用节能型智能插座。节能型智能插座可提供两种方法来消除“待机能耗”：① 通过远程控制断开电源。该方法不能使电器自动断电，且没有实时性。② 通过检测、跟踪电器电流自动断电。该方法涉及的断电方法和技术还处于不断发展和完善阶段，市面上的产品最多还只能自动断开某一特定的电器，其断电原理是设置一个阈值区间，一旦电器的电流处于这个区间，即断开电流。显然，这种方式容易产生误断。可见，目前市面的节能型智能插座产品，并不能自动准确地断开所有电器的“待机电流”。因此，该问题到目前为止，实际上并未彻底解决。

6.3.1.2　用电大数据的盲区

目前，电网公司已经实现“全采集”。但是，电网公司能够采集到的用电数据仅限于电能表前，不能深入客户家庭。也就是说，智能电表能够采集到的数据仅仅是客户的用电总量，没有精细的分量数据，电网公司与客户之间的用电数据割裂与分离。目前采集的数据利用价值不高，可挖掘程度不够，不能完全为电网公司市场战略决策提供有力的数据支撑，如图 6-2 所示。对于客户而言，无法得知家庭用电的分布情况，无法进行用电行为的优化；对于电网公司而言，无法获取客户详细的用电信息，如电器的分类、分时、分电价用电数据，以及损耗情况等。因此，也无法提供精准的分析与决策支持，如无法实现精准的调峰调频策略、精准的分布式新能源的调度策略、精准的负荷预测等。

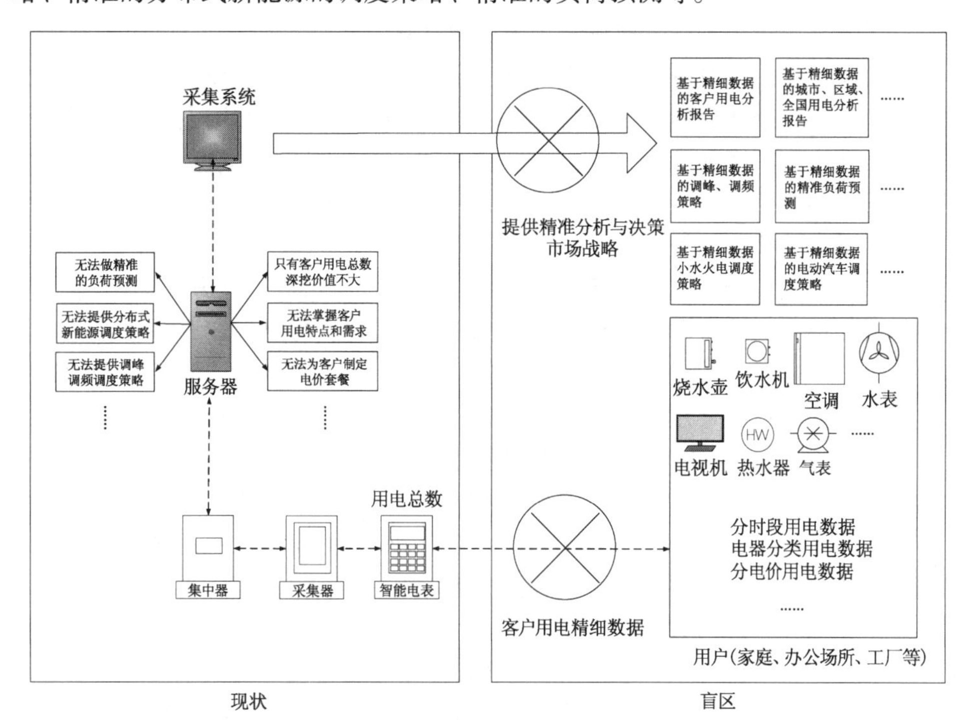

图 6-2　用电大数据获取的现状与盲区

在电力行业市场化改革的趋势下，售电权限放开，谁能掌握并积累客户最基础、最详细的用电信息，谁就能占领先机，留住客户。可见，电网公司亟须在“电表后，客户家”安装精细数据采集器，打通用电精细数据最后一公里。对于节能型智能插座，可通过“试点小区，免费赠送”，树立口碑，然后采用“优惠推广，免费提供”的营销策略，使该款插座低门槛进入千家万户。优惠推广是指向用户推出“购买节能型智能插座，电 e 宝返一半电费红包”活动；免费提供是指向购买用户终身免费提供用电分析报告和科学用电指导。对于用户，该插座十分优惠，能消除“待机能耗”，节约电费；能实时掌控家用电器，又兼具其他智能插座的功能；还能免费提供用电分析报告，指导科学用电。电网公司能够通过这款插座采集到千家万户的用电精细数据，这些数据通过智能电表和采集器最终传送至服务器和营销采集系统；建立用电精细数据库。对于国家而言，节能型智能插座的推广，每年将为社会节约一大笔电能和煤，还减少了碳排放，因此还可以申请国家补贴来推广此项目。该方案很好地解决了以上问题。该项目的实施能够打破智能电表到用户家的用电数据壁垒，通过低成本收集到大数据，掌握用户的第一手资料。

建立用电精细数据库具有以下作用：① 掌握客户用电详细情况，为其定制个性化的专属电价套餐，引导科学用电，留住客户。② 为电网公司和政府提供分城市、分区域、分时段、分电器类型、分用电性质等数据，提供小到一台具体的电器，大到整个社会的详细用电情况；详细了解整个城市的用电分布情况，从技术上优化电网调度和运行，为政府能源战略决策提供技术支撑。③ 为电网公司提供分析与决策支撑，包括精准的调峰调频策略、精准的分布式新能源的调度策略、精准的负荷预测等。

推广节能型智能插座在其他方面的成效和前景包括以下几方面：① 插座深挖数据与智能电表计量数据校核，无须现场稽查即可远程研判客户是否存在窃电行为。② 为电网公司锁住客户，拓展市场。同时该插座与“智生活”和“电 e 宝”联手，有利于这三款产品完善功能与应用、拓展市场、提示客户满意度、锁住客户。③ 符合社会和电网公司节能减排的理念，是社会发展的必然趋势。④ 插座深挖数据与智能电表计量数据校核，分析家庭损耗及布线的合理性。⑤ 通过云计算和大数据，可以分析出各类家用电器的能耗水平、分布区域、故障情况，为家电企业提供最前线的数据支撑。⑥ 通过国网 APP 和节能插座，未来甚至可以完善客户用电资料。客户办理一些业务又多了一个窗口，用户与电网互动又多了一个平台，从而电网企业与客户的粘连度增强，可全方位把控用电市场。⑦ 争取国家补贴资金，用于节能型智能插座的推广，从而为整个社会节约一大笔能源，而最终受益的还是老百姓。

6.3.2 节能型智能插座简介

6.3.2.1 节能型智能插座的主要结构

节能型智能插座是计量插座的一种，既具有节省电量的功能，又具有智能控制功能，所以称之为节能智能插座。节能型智能插座是现在有效提高人们生活品质、解决节能问题的方法之一。节能型智能插座是一种转接装置，通过主动切断电器电源以节省电能。节能智能插座的工作功耗基本小于 0.2 W，相当于家电有待机功耗的1/20，甚至 1%。

节能型智能插座主要包括电能采集模块、控制器、继电器、人机界面或无线通信模块四个部分，如图 6-3 所示。用户通过人机界面或无线通信模块设置断开的电源条件，可以设置定时断开电器的电源，在设定的时间段内断开电源；设置家用电器耗电阈值，在电器用电低于阈值时断开电源。控制器通过电能采集模块对电器的电能及功率进行采集，判断电器用电情况，对继电器进行操作以控制电源的开关。此产品可具有记录电器的总用电量、显示当前用电功耗等功能，方便用户了解各电器的耗电情况。电能采集模块是节能智能插座的核心部分，若采集到的数据不正确，可能会导致误操作，影响插座的正常使用。

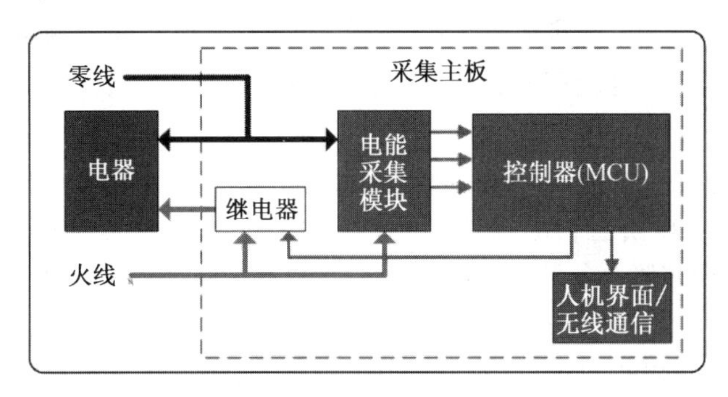

图 6-3　节能型智能插座内部结构图

6. 3. 2. 2　电能采集模块方案

(1) 采用比较器

在这种方式下一般只检测电器的电流信号，电压为固定值，将切断功率阈值折算为电流有效值。如图 6-4 所示，通过采样电路将电器的电流信号进行采样，与硬件设定的切断阈值进行比较，控制器根据比较器的输出，判断电流与切断阈值的大小关系，控制电器电源的开关。比较器使用 LM358 进行设计。电流信号为交流信号，比较器的参考电压值为固定正向值，电流信号必须使用互感器进行传输，经过整流、滤波，才能连接到比较器的输入端。若电网中存在较大的容性或感性谐波，功率因数 $PF<1$，则采样到的电流信号有效值误差较大，可能导致误操作。由于这种插座内部比较器的参考电压为固定值，切断功率阈值不能改变，所以一般只适用于特定的电器；有些产品可以通过手动调整功率旋钮，改变切断功率阈值，但手动调整准确度低，用户使用不方便。所以这种实现方式一般只适用于特定电器且电网质量较好的场合。

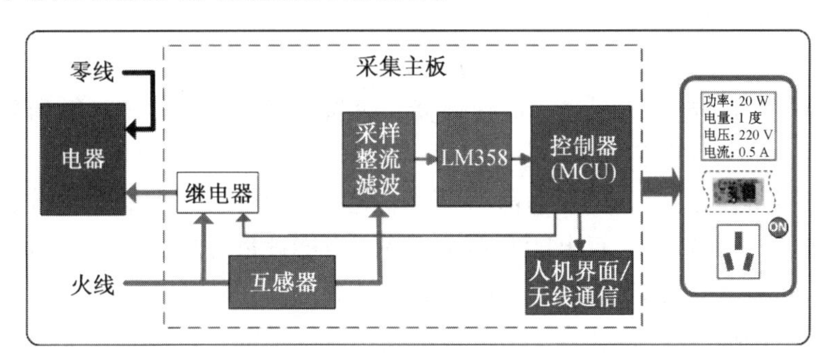

图 6-4　采用比较器实现节能智能插座

（2）采用控制器集成的模拟/数字转换器

通过采样电路，配合集成模拟/数字转换器的控制器进行测量。采用这种方式一般只测量电器的电流信号，电压为固定值，根据电流信号大小折算成功率。如图6-5所示，电流信号为交流信号，而控制器的模拟/数字转换器只能单端输入，电流采样电路中必须使用互感器进行传输，经过整流再进行积分，方可被控制器的模拟/数字转换器较准确地测量。控制器集成的模拟/数字转换器一般是10 bit，电流测量范围小，有效动态范围一般只有256∶1。若电网中存在较大的容性或感性谐波，功率因数 $PF<1$，则测量电流的误差较大，所以这种方式一般只适用于功耗变化范围小且电网质量较好的场合。采用这种方式可以通过人机界面设置切断电源的功率阈值，把内部将功率值转化为电流值，将测量到的电流值与阈值比较，若小于阈值，则插座切断电器电源。

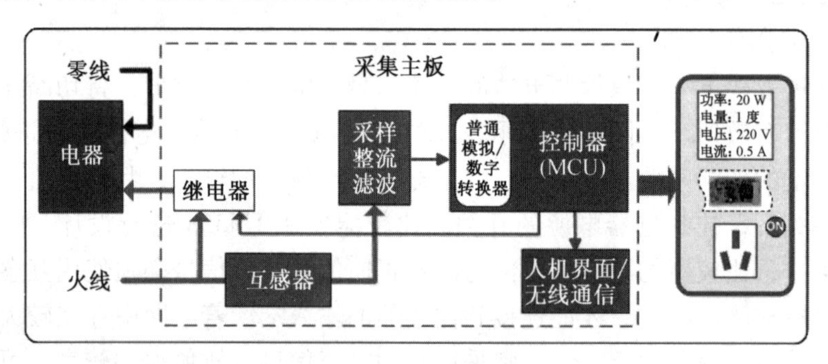

图6-5　采用控制器集成模拟/数字转换器实现节能智能插座

（3）采用专用的电能计量芯片

专用的电能计量芯片主要有Cirrus Logic的CS5460和CS5463，ADI的ADE7755。如图6-6所示，专业的电能计量芯片内部至少集成2路模拟/数字转换器（内部带运放），可同时对电流、电压信号进行采样；模拟输入端信号可为交流信号，不影响信号的失真；集成50 Hz/60 Hz陷波；集成数字信号处理（DSP），对电压、电流信号进行高速计算，滤除功率因数的影响，得到真实的有功功率值。电能计量芯片的动态范围≥500∶1，测量精度达到0.1%。控制器与电能计量芯片进行通信，读取当前功率、电能值，或者通过光耦对计量芯片输出的功率脉冲进行计数，计算电能及功率。使用电能计量芯片，采样电路可以不需要互感器、整流，外围电路简单，控制器与计量芯片通信或连接资源较少，使用资源较少的控制器就可以实现。若芯片的动态范围足够大，则可以准确测量到更低的功率值，适用于更多的电器。上述几款电能计量芯片功率测量准确性高，但是价格高，并且引脚较多，还需要外置晶振，后续产品不能做到体积很小。可以考虑选择国内的电能计量芯片，比如专门用于节能智能插座的芯片HLW8012，除了基本的电能计量芯片特点之外，还可以测量电压、电流的有效值，SOP8 封装，内置晶振，动态范围为 1000∶1，外围电路比较简单，采集主板面积可以做得很小。

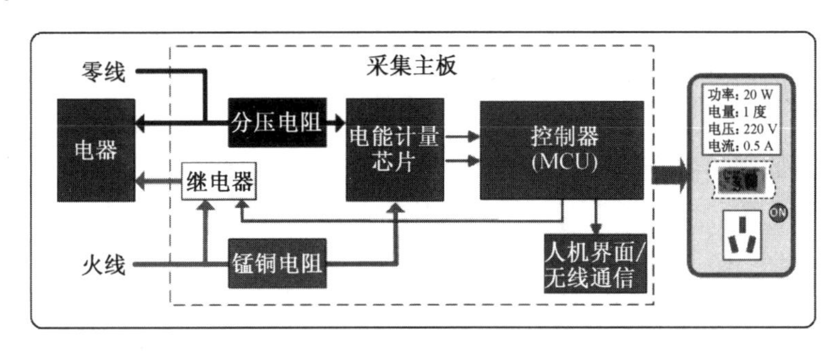

图 6-6　采用控制器集成模拟/数字转换器实现节能智能插座

6.3.3　分布式一致性算法

6.3.3.1　分布式一致性算法简介

分布式算法，是指在完成乘加功能时通过将各输入数据每一对应位产生的运算结果预先进行相加形成相应的部分积，然后对各部分进行累加形成最终结果。分布式算法（distributed algorithm）和集中式算法（centralized algorithm）在设计的方法和技巧上有着非常大的不同，原因在于分布式系统和集中式系统在系统模型和结构上有着本质的区别，集中式算法所具备的一些基本特征，分布式算法完全没有。

简单来说，分布式计算是把一个大计算任务拆分成多个小计算任务，再分布到若干台机器上进行计算，然后进行结果汇总。这样做的目的在于高效地分析计算海量的数据，如从雷达监测的海量历史信号中分析异常信号（外星文明），又如淘宝“双 11”实时计算各地区的消费习惯等。海量计算最开始的方案是提高单机计算性能（如大型机），后来由于数据的爆发式增长，单机计算无法完成任务，因此，科学家提出了分布式计算的解决方案。然而，计算任务一旦拆分，同时又会带来其他需要解决的问题，如一致性、数据完整、通信、容灾、任务调度等。例如，产品要求从数据库中 100 G 的用户处购买数据，分析出各地域的消费习惯、消费金额等。如果没有时间要求，程序员只需要开发一个对应的业务处理服务程序，部署到服务器上，预计 10 个小时能处理完。若产品要求更快，则可在 3 个小时内完成。采用 Hadoop、Storm 等可以达到要求，但成本较高，因此需要采用分布式计算方式。分布性和并发性是分布式算法的两个最基本的特征。分布式系统的执行存在着许多非稳定性的因素。这些方面的差异导致分布式算法的设计和分析较集中式算法复杂得多。

（1）Paxos 算法

① 问题描述

分布式中存在一个疑难问题，即客户端向一个分布式集群的服务端发出一系列更新数据的消息。由于分布式集群中的各个服务端节点是互为同步数据的，所以运行完客户端的系列消息指令后，各服务端节点的数据应该是一致的，但由于网络或其他原因，各个服务端节点接收到消息的序列可能不一致，最后导致各节点的数据不一致。

② 算法本身

Paxos 算法的各个步骤和约束，本质是一个分布式的选举算法，其目的是在很多消息中通过选举，使得消息的接收者或执行者达成一致，按照一致的消息顺序来执行。为了达到执行相同序列的指令，完全可以通过串行来实现，如在分布式环境前加上一个 FIFO 队列来接收所有指令，然后所有服务节点按照队列里的顺序来执行。这个方法当然可以解决一致性问题，但不符合分布式的特性。Paxos 的优势在于允许各个客户端互不影响地向服务端发指令，按照选举的方式达成一致。这种方式具有分布式特性，容错性更好。

该选举算法就像现实社会中的选举，一般都是得票者最多者获胜，而 Paxos 算法是序列号更高者获胜，并且当尝试提交指令者被拒绝时（说明它的指令所占有的序列号不是最高），它会重新以一个更好的序列参与再次选举，通过各个提交者不断参与选举的方式，达到选出大家公认的一个序列的目的。正是因为有这个不断参与选举的过程，所以 Paxos 规定了三种角色（proposer，acceptor 和 learner）和两个阶段（accept 和 learn），三种角色的具体职责和两个阶段的具体过程参见 *Paxos Made Simple* 一书。对此，国内有人通过动画描述了 Paxos 运行的过程。Paxos 算法的最大优点在于它的限制比较少，允许各个角色在各个阶段失败和重复执行，这也是分布式环境下常发生的，只要按照规矩办事即可，算法的本身保障了在错误发生时仍然能得到一致的结果。

（2）一致性 Hash 算法

① 问题描述

分布式常常用 Hash 算法来分布数据，当数据节点增加或减少时，需要调整 Hash 算法中的模，因此需要根据新的模将所有数据重新分布到各个节点中去。如果数据量庞大，则很难实现。一致性 Hash 算法是基于 Hash 算法的优化，是通过映射规则解决以上问题的。

② 算法本身

当一个映射或规则导致有难以维护的问题时，通常考虑进一步抽象该映射或规则，通过规则的变化使最终数据不变。一致性 Hash 本质上是把以节点映射改为区段映射，使得数据节点变更后其他数据节点变动尽可能小。这个思路在操作系统的存储问题中得到了充分体现，比如操作系统为了更优化地利用存储空间，区分了段、页等不同纬度，加进了很多映射规则，目的就是通过灵活的规则避免付出物理变动的代价。

③ 算法实现

一致性 Hash 算法本身比较简单，根据实际情况可以有很多改进的版本，其目的主要有两点：一是节点变动后尽可能不影响其他节点；二是节点变动后数据重新分配得尽可能均衡。

6.3.3.2　分布式一致性算法的收敛证明

图 6-7 所示为由智能体构成的有向网络，其中每个智能体为一个积分器，且每时刻智能体 i 接受邻居智能体 j 的信息。图 6-8 所示为网络连接系统的块状图，每个系统的传递函数为 $P(s)=1/s$，整个网络系统是一个多输入多输出（MIMO）线性系统且具有对角化式传递函数。

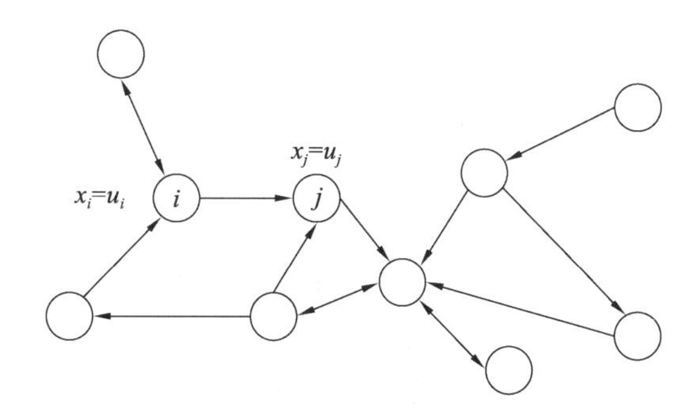

图 6-7　由智能体构成的有向网络

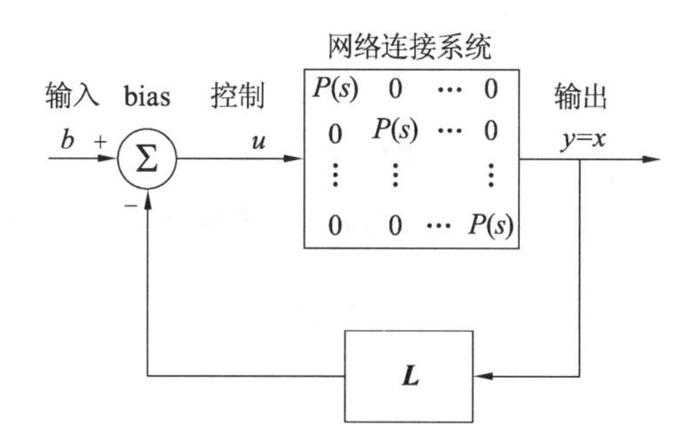

图 6-8　网络连接系统的块状图

对于网络级的多智能体系统，通常用图来表示智能体间传递信息的关系，且图论中的拉普拉斯矩阵及其谱特征在一致性收敛分析中起到了很重要的作用。

考虑由 n 个多智能体组成的系统，其网络拓扑图为 $G=(V,E)$，其中每个点代表一个智能体 $x_i=u_i$。如果所有智能体的状态最终趋于相等，即 $\|x_i-x_j\|\to 0$，$\forall i\neq j$，我们称系统趋于一致。可以用 $\boldsymbol{x}=\alpha\boldsymbol{l}$ 来表征一致空间，其中 $\boldsymbol{l}=(1,\cdots,1)^{\mathrm{T}}$，$\alpha\in\mathbf{R}$ 为一致均衡值。用 $\boldsymbol{A}=(a_{ij})$ 来表示网络拓扑 G 的邻接矩阵，智能体 i 的邻居集 N_i 定义为 $N_i=\{j\in V:a_{ij}\neq 0\}$。如果智能体 j 是智能体 i 的邻居 $(a_{ij}\neq 0)$，则智能体 i 可以接收智能体 j 的信息。

如果网络拓扑结构时变，则用动态图 $G(t)=(V,E(t))$ 来表示网络，且边集 $E(t)$，邻接矩阵 $\boldsymbol{A}(t)$ 及每个智能体的邻接集 $N_i(t)$ 均时变。在实际应用中，网络拓扑结构经常为动态图，比如移动无线网络及蜂拥。

Olfati-Saber 和 Murray 对以下连续线性系统进行了分析：

$$\boldsymbol{x}(t)=\sum a_{ij}[x_j(t)-x_i(t)] \tag{6.1}$$

并证明了其为一种分布式一致性算法，即仅通过局部信息传递可保证系统最终趋于一致。假设网络拓扑结构为无向图，即 $a_{ij}=a_{ji}$ 对所有 i，j 成立，容易看出，所有智能体状态的和为一个不变值，即 $\sum\limits_i \dot{x}_i=0$。因此，如果系统渐近收敛到一致，则一致值为所有智能体初始值的代数和，即 $a=\frac{1}{n}\sum x_i(0)$。我们称这种能够收敛到代数和的特定属性算法为代数一致算法。该算法在传感器网络的信息融合等领域有广泛的应用。

如果整合所有智能体的状态，则可得到整个网络系统为

$$\dot{\boldsymbol{x}}=-\boldsymbol{L}\boldsymbol{x} \tag{6.2}$$

其中，$\boldsymbol{L}$ 为网络 G 的拉普拉斯矩阵，且 $\boldsymbol{L}=\boldsymbol{D}-\boldsymbol{A}$；$\boldsymbol{D}=\mathrm{diag}(d_1,\cdots,d_n)$ 为网络 G 的度矩阵，$d_i=\sum\limits_{j\neq i}a_{ij}$ 称为节点 i 的入度。由定义可知，$\boldsymbol{L}$ 有一个零特征根，其对应的右特征根向量为 $\boldsymbol{l}$，满足 $\boldsymbol{L}\boldsymbol{l}=\boldsymbol{0}$。

对于网络拓扑为无向图情形，拉普拉斯矩阵满足以下平方和（SOS）特性：

$$\boldsymbol{x}^{\mathrm{T}}\boldsymbol{L}\boldsymbol{x}=\frac{1}{2}\sum a_{ij}(x_j-x_i)^2 \tag{6.3}$$

通过定义二次正定函数

$$\varphi(\boldsymbol{x})=\frac{1}{2}\boldsymbol{x}^{\mathrm{T}}\boldsymbol{L}\boldsymbol{x} \tag{6.4}$$

容易看出，式（6.2）也可以写成以下梯度递减算法：

$$\boldsymbol{x}=-\nabla\varphi(\boldsymbol{x}) \tag{6.5}$$

根据网络的连通性和以上 SOS 特性，如果系统（6.2）满足以下两个条件：

① $\boldsymbol{L}$ 为正半定矩阵；

② 式（6.2）唯一的均衡点是 $\alpha\boldsymbol{l}$，

则该分布式算法全局渐近收敛到一致空间。

6.3.4　用电大数据采集方案

6.3.4.1　智能电表采集用电大数据的结构图

整个家居的用电数据是家中所有插座统计数据的总和。智能电表需要获得家中所有的数据，就需要与每一个插座进行通信，但该方法很难实现。常规方案是采用一台计算机或主机，控制房间的所有插座，汇总和下发所有的数据。但这样做的弊端是：一旦计算机或主机受到攻击甚至发生崩溃，整个智能用电管理系统将崩溃。因此，不能采用一台计算机或主机控制家居中的所有插座。但是，如何能够实现任意一个插座与电表通信，使电表获得客户的所有数据？

为此，本书中的方案采用先进的“分布式一致算法”的思想，让插座主动寻求临近的一个或两个插座进行通信，彼此交换数据。通过插座之间的有限次通信，最终达到每一个插座都具备所有的汇总信息，即“一致”状态。这些相互分享的信息包括插座的“断电经验”“用电数据”“多表合一数据”“电器识别经验”等。如此，只需要任一个插座向电表上传数据，国网服务器就能获得客户所有的数据。用户用电大数据获取的整个过程如图 6-9 所示。

6.3.4.2　分布式一致性算法在方案中的应用

什么是“一致状态”？图 6-10 以 4 个插座为例，展示了从每个插座拥有不同的信息到获取全部信息（即达到“一致状态”）的过程。

图 6-10 中 1，2，3，4 表示房间中的 4 个插座，A，B，C，D 表示 4 个插座分别记录有不同的信息，包括“断电经验”“用电数据”“多表合一数据”“电器识别经验”等。由图可见，插座只需要通过两次交互信息，即可以实现每一个插座获得所有插座的所有信息，即达到所谓的“一致状态”。例如，在第一次交互信息中，插座 1 与插座 2 通信，则插座 1 获得 AB，插座 1 再与插座 4 通信，则获得 ABD；其他插座同理。

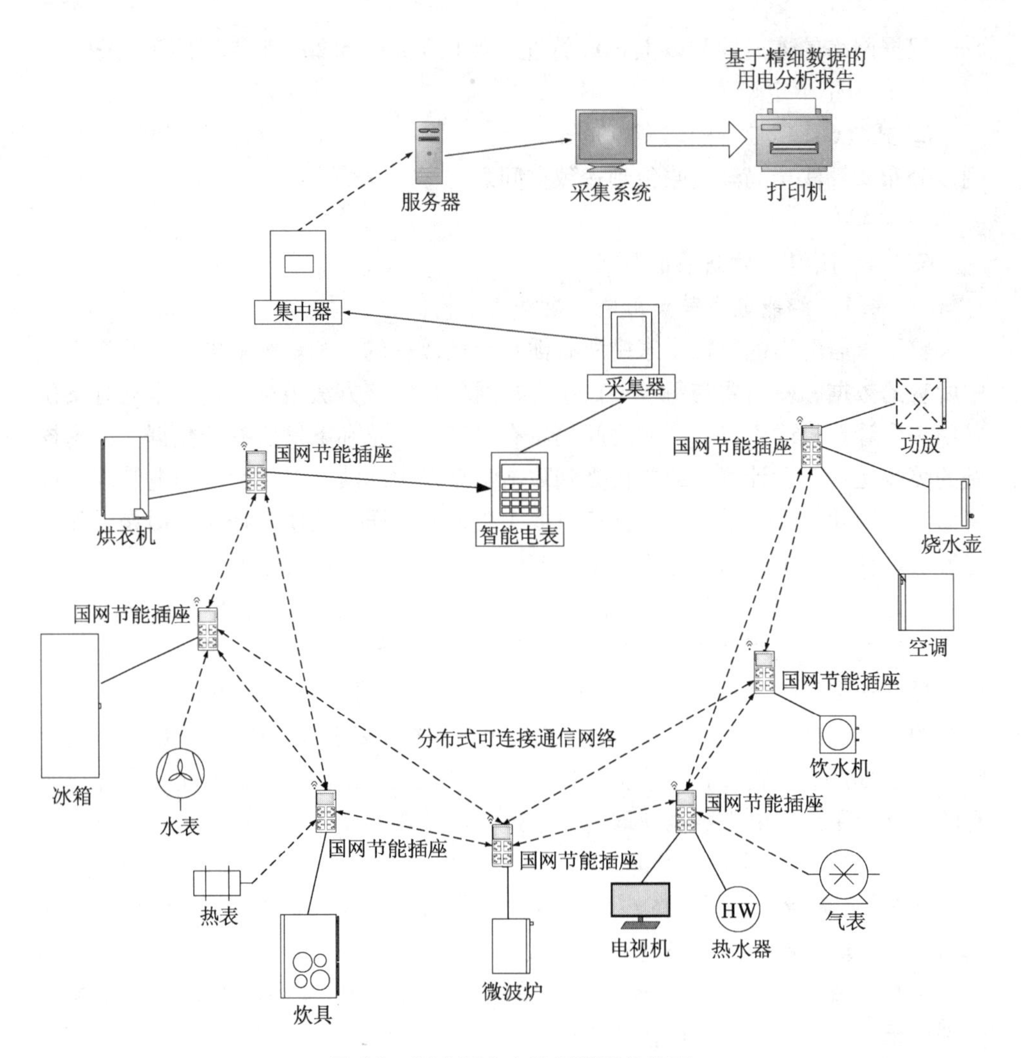

图 6-9　用户用电大数据获取结构图

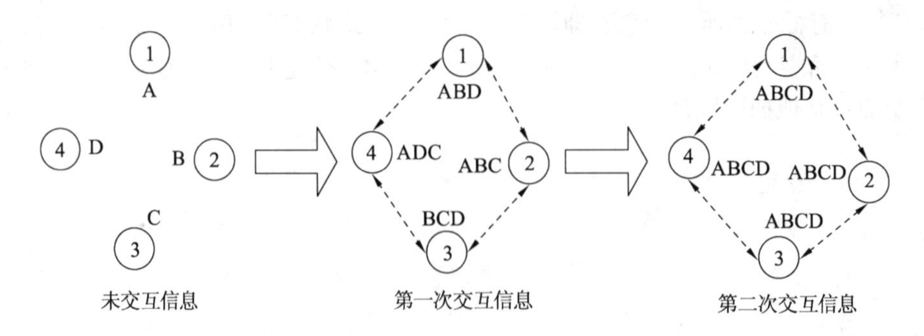

图 6-10　分布式交互信息过程（以 4 个节点为例）

可见，“分布式一致”通信方法的思想是，所有插座通过有限次相互通信来交互信息，房间中本来具有不同信息的插座，最后每一个插座都具有所有的汇总信息，即达到“一致状态”。

图6-11和图6-12所示是11个插座的通信拓扑图。任何一个插座只要随机与相邻近的一个或两个插座建立连接、进行通信，即可以形成通信拓扑图，并且通过有限次通信交互信息，最终可以实现全部插座的信息“一致”。事实已经证明，无论多少个插座（房间一般不会超过30个插座）都可以通过分布式通信交互信息，实现所有插座信息一致。

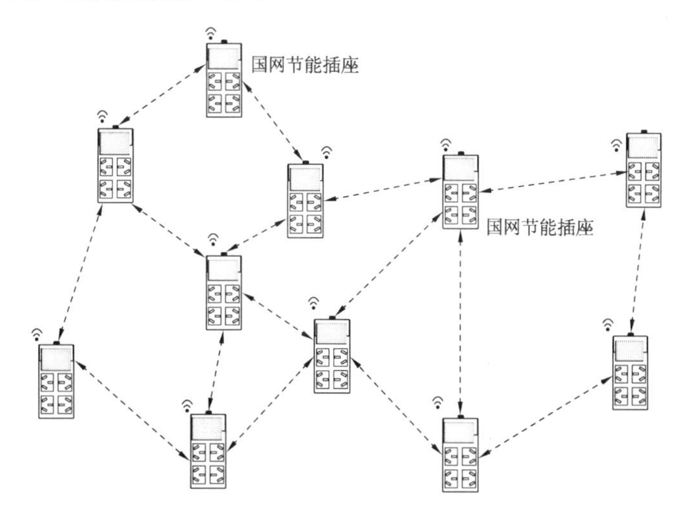

图6-11　基于分布式一致性算法的节能型智能插座通信拓扑图

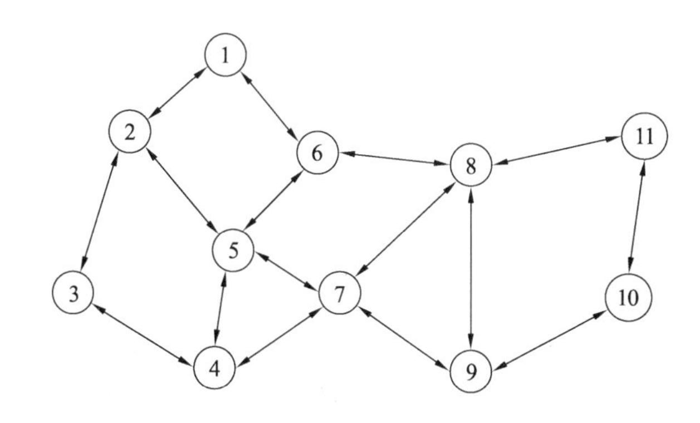

图6-12　基于分布式一致性算法的节能型智能插座通信节点拓扑图

6.3.4.3　用电大数据采集方案的成效与前景

（1）该方案提出了采集用电大数据的营销方案和技术方案

营销方案：首先“试点小区，免费赠送”，然后“0利润推广，免费提供”

的营销策略。技术方案：利用插座的计量和识别电器的功能，记录各类家电的详细用电情况，通过分布式可连接网络汇总后上传至电表，传送至服务器，最终呈现在营销采集系统中。

（2）应用分布式一致算法，使电表巧妙而轻松地采集到客户的全部数据

节能型智能插座会主动与临近的插座进行通信并灵活互动，家庭中的所有插座相当于形成了一个分布式可连接网络（见图 6-13），并及时与房间其他插座交换“断电经验”“用电数据”“多表合一数据”“电器识别经验”等，通过插座之间的有限次通信，最终达到所有的插座都具备所有的汇总信息，即“一致”状态。此时，只需要任意一个插座向电表上传数据，国网服务器即可以获得该用户的全部数据。收集用电大数据，为国网公司建立了用电精细数据库。通过采用项目的营销方案，以小成本巧妙地收集到用户用电精细大数据。基于项目的技术方案，建立了用电大数据收集的渠道，并论证了该技术方案的可行性。

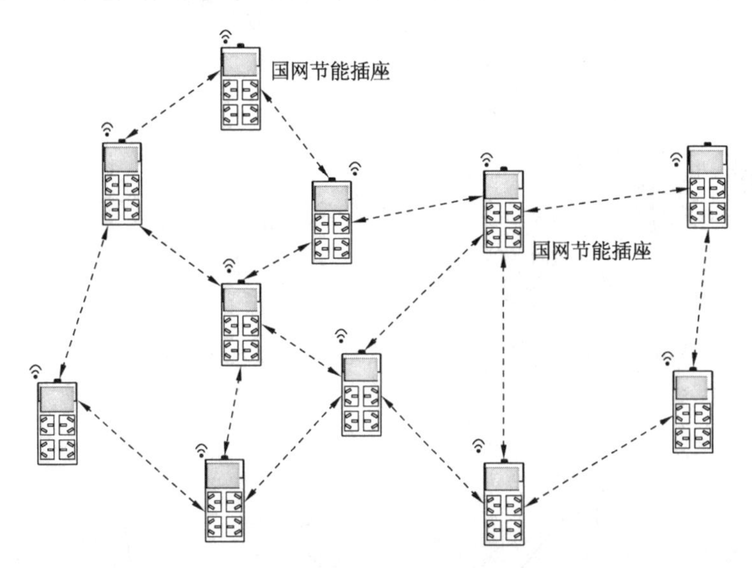

图 6-13　节能型智能插座形成的分布式可连接网络

（3）应用前景

方案具有客户、国网和国家“三赢”的效果，市场前景广阔，每家每户都需要配置。对于客户而言，购买插座的费用要比市面价格便宜 1/3 左右，不但经济节能，还能指导其科学用电。对于国网公司而言，掌握了客户消费习惯，建立了用电精细数据库，数据库建立后主要有如下几方面的作用：① 为客户定制个性化的专属电价套餐，引导科学用电，锁住客户。② 详细了解整个城市的用电分布情况，从技术上优化电网调度和运行，为政府能源战略决策提供技术支撑。

③ 为政府、国网，甚至广大电器厂商提供分全方位的详细用电数据，小到一台电器、一位客户，大到整个社会。④ 为国网公司提供分析与决策支撑。这些决策包括精准的调峰调频策略、精准的分布式新能源的调度策略、精准的负荷预测等。⑤ 有利于国家实现节能减排，低碳环保；大数据库可以为政府的分析与决策提供支持。⑥ 通过大数据库，电网企业能全方位把控用电市场，为国网进军智能家电、智能家居市场提供数据支撑。⑦ 作为“多表合一”的数据中转站，节约额外安装中转装置的成本。

6.4　基于大数据的主动营销技术应用案例

6.4.1　上海：提速20%配网抢修更高效

挂上电话12分钟后，上海市凯旋路1800号201室的门铃被电力抢修人员按响了。如果这个电话早打3个月，门铃最有可能要迟4分钟才会响。缩短这4分钟的，是国网上海市电力公司基于大数据平台实施的配网故障抢修精益化管理。2016年7月16日18时01分，201室的客户挂断了向95598报修家中失电的电话后，任务单迅速流转，国网上海市南供电公司配网抢修协丰驻点接到指令，派出小班前往抢修，18时13分到达客户处。原先，协丰驻点驻扎在新华路393弄已有3年多的时间，2016年5月，驻点搬家到虹桥路1041弄。虽然两点之间的直线距离只有1.4公里，但协丰驻点负责人王伟氢感觉，搬家之后的到达时间变快了。对此，数据提供了有力的支撑：2016年1—4月，协丰驻点小班到达报修客户处的平均时间是15分钟，而周边其他驻点小班的平均到达时间仅为12～13分钟；5月上旬迁往虹桥路新址后，协丰驻点小班的平均到达时间已与其他驻点小班没有明显差别。这是国网上海电力基于大数据平台开展配网故障抢修精益化管理取得成效的一个实例。原来，通过大数据比对，上海市南供电公司瞅准了协丰驻点的这个问题；进一步分析后发现，淮海西路与虹桥路包夹区域的报修数量在协丰驻点所有抢修中占比靠前，而且这些报修的平均到达时间明显偏长，严重拖了后腿。虽然不少抢修点离开驻点不过3公里左右，但由于中心城区道路情况复杂、道路严重拥堵，直接造成耗时偏长。牵住了牛鼻子，难题就容易破解，国网上海市南供电公司于是将协丰驻点向东挪了1.4公里。“一着棋对，满盘皆活”，搬迁后到达时间缩短了20%左右，这还只是配网故障抢修精益化管理的冰山一角。2015年5月，国网上海电力便完成了国网大数据平台部署，并基于大数据平台开展配网故障抢修精益化管理的应用场景实施。通过建立故障抢修事前预测、事中跟踪、事后分析的主轴线，全面支撑故障抢修工作，有效提升了故障抢修的精益化管理水平。

6.4.2 江苏：海量大数据精准预测用电量

2016 年 7 月 18 日一早，苏州地调的调度员颜锡渝根据江苏省全社会用电信息大数据分析系统前一天提供的负荷分析预测结果，结合本地预测数据，对当天的调度负荷做出了预测。他于上午 10 点前，将据此绘成的地区调度负荷曲线图上报给了省调；省调将它作为参考，合理安排电网运行方式。

精确的预测源于海量的记录数据。依托国家电网公司统一部署的大数据平台，该系统从梳理对象入手，构建统一的企业数据模型。在此基础上，系统从电能量管理、用电信息采集、设备状态监控、生产管理等多个系统中采集 600 多亿条记录数据，并从外部获取气象、经济运行等数据。大数据分析技术为负荷预测提供了坚实的数据基础。“我们搭建了 50 个计算节点的大数据平台，将国民经济 99 个行业和全省 13 个地市负荷细分为 11781 种负荷特性组合。在此基础上，以气象、节假日等为主要因素，以客户信息、历史负荷为源数据，考虑用电客户对峰谷电价、温度、节假日的敏感程度、生产班次安排等，我们组建了超过 70 万个负荷影响模型。”系统项目组负责人谢林枫介绍说。对于 2016 年夏季高峰用电，系统也给出了预测——2016 年最高负荷预测值为 8790 万千瓦。“因负荷受 8 月初的气象影响较大，可能会有预测偏差，但基于去年的预测准确度，参考意义仍然重大。”谢林枫表示，负荷中长期预测受诸多不确定性因素的共同影响，特别是受宏观经济、中长期的气象预测的准确度影响较大。

中长期的负荷预测不仅有益于夏季高峰期电网调度的安全平稳运行，对于电网规划建设、机组检修等都具有指导意义。短期负荷预测也是江苏省全社会用电信息大数据分析系统的主要功能之一。“我们在去年推出全省短期负荷预测的基础上，推出各个地级市的短期负荷预测，目前已在全省 13 个地市实现全覆盖。”谢林枫说。据统计，江苏省全社会用电信息大数据分析系统的短期负荷预测平均准确度为 99. 35%，而传统方法预测的平均准确度为 98. 88%。

6.4.3 浙江：为客户“画像”供电服务更精准

“咔嚓、咔嚓……”有节奏的机器拍打声从浙江海宁尖山新区海利得新材料股份有限公司新建的捻线车间内传来，几位工作人员正将一桶桶捻好的丝线装上叉车运往下一个生产点。夏天到来前，海利得的生产负责人杨勤丰还在担心扩建后的用电问题，却未曾想过通电时间比预期提前了 20 多天。

在这之前的两年前，浙江海宁供电公司推出了“方案最优、费用最省、速度最快”的“阳光业扩提速”工程，通过采取优化内部管理流程等措施，通电时间比国家电网公司规定时间缩短了 34. 5%。如今，国网浙江省电力公司初步建成的“互联网+供电服务”智能用电互动服务创新体系，又让通电速度又向前了一大步。“尽快通电”显然不是创新体系的唯一目标。在建设平台和体系的过程中，国网浙江电力将多渠道客服数据与用电营销数据、配网数据，甚至气象信息、社交网络等多角度、多层次的数据进行了整合，开展大数据分析挖掘，以“标签库”形式，构建立体化、多层次、多视角的客户全景画像，实现对电力客户特征的精细刻画。基于客户画像，获取客户基本信息、用电偏好、信用风险、所属网架等，服务人员能够快速全面识别客户特征，提供差异化办电、催费、交费、停电通知等业务；还能依托客户画像，全面了解业务现状，准确识别客户当前面临的问题，从而快速受理客户诉求，缩短平均通话时长，提高客户一次答复率；未来还能通过各类渠道精准推荐用电套餐、峰谷用电计划、电费垫付信贷、智能家居节能计划、分布式电能接入等用电产品及服务。绍兴供电公司运营监测管理专责谢颖曾通过日电量数据构建的分析模型，发现了绍兴滨海工业区有3户1000千伏安以上高压客户电量波动较大，且总体呈递减趋势，于是当即发布预警。客户经理王未央了解情况后，主动上门为大客户提供用电方案优化服务，通过办理供电“暂停”等方式，为客户节省基本电费5万元。

下一步，国网浙江电力将进一步挖掘客户标签库的典型应用场景，建立完善相关业务规范。同时，他们还将加快渠道偏好、用电行为、电能替代等主题标签库的建设开发，为电子渠道推广、精准营销提供有力的技术支撑。

参考文献

[1] Field C B, Barros V, Stockers T F, et al. Managing the risks of extreme events and disasters to advance climate change adaptation [R] // Intergovernmental panel on climate change (IPCC). Cambridge, UK: Cambridge University Press, 2012.

[2] 封国林，侯威，支蓉，等. 极端气候事件的检测、诊断与可预测性研究 [M]. 北京：科学出版社，2012.

[3] CIGRE WG SCB2. 54. Guidelines for the management of risk associated with severe climatic events and climate change on overhead lines [R]. Paris, France: CIGRE, 2014.

[4] 陈丽娟，胡小正. 2010 年全国输变电设施可靠性分析 [J]. 中国电力，2011，44 (6): 71 - 77.

[5] 陈丽娟，李霞. 2011 年全国输变电设施可靠性分析 [J]. 中国电力，2012，45 (7): 89 - 93.

[6] 李帅，李哲，梁允，等. 强对流预警技术在电网生产过程中的应用研究 [J]. 河南科技，2015 (18): 149 - 152.

[7] 蒋兴良，舒立春，孙才新. 电力系统污秽与覆冰绝缘 [M]. 北京：中国电力出版社，2009.

[8] 钱时惕. 规律及其三种主要形式——科学与人文漫话之十 [J]. 物理通报，2010，29 (7): 85 - 87.

[9] 孟遂民，孔伟，唐波. 架空输电线路设计 [M]. 2 版. 北京：中国电力出版社，2015.

[10] CIGRE WG B2. 51. Guide to overall line design [R]. Paris, France: CIGRE, 2015.

[11] 中国电力企业联合会. GB 50545 - 2010 110 kV ~ 750 kV 架空输电线路设计规范 [S]. 北京：中国计划出版社，2010.

[12] 中国电力企业联合会. GB 50665 - 2011 1000 kV 架空输电线路设计规范 [S]. 北京：中国计划出版社，2011.

[13] Ruszczak B, Tomaszewski M. Extreme value analysis of wet snow loads on power lines [J]. IEEE Transactions on Power Systems, 2015, 30 (1): 457 -462.
[14] 李泽椿，毕宝贵，金荣花，等. 近10年中国现代天气预报的发展与应用 [J]. 气象学报，2014，72 (6): 1069 -1078.
[15] 郑永光，周康辉，盛杰，等. 强对流天气监测预报预警技术进展 [J]. 应用气象学报，2015，26 (6): 641 -657.
[16] 全国科学技术审定委员会. 大气科学名词 [M]. 3 版. 北京: 科学出版社，2009.
[17] 王炜，权循刚，魏华. 从气象灾害防御到气象灾害风险管理的管理方法转变 [J]. 气象与环境学报，2011，27 (1): 7 -13.
[18] 贺庆棠，路佩玲. 气象学 [M]. 3 版. 北京: 中国林业出版社，2010.
[19] Koval D O, Shen B, Shen S, et al. Modeling severe weather related high voltage transmission line forced outages [C] //Transmission and distribution conference and exhibition, 2005/2006 IEEE PES. IEEE, 2006: 788 -793.
[20] 张敏锋，冯霞. 我国雷暴天气的气候特征 [J]. 热带气象学报，1998，14 (2): 156 -182.
[21] 张纬钹，何金良，高玉明. 过电压防护及绝缘配合 [M]. 北京: 清华大学出版社，2002.
[22] 谢强，李杰. 电力系统自然灾害的现状与对策 [J]. 自然灾害学报，2006，15 (4): 126 -131.
[23] 刘有飞，蔡斌，吴素农. 电网冰灾事故应急处理及反思 [J]. 电力系统自动化，2008，32 (8): 10 -13.
[24] 胡毅. 大面积冰灾分析及对策探讨[J]. 高电压技术，2008，34(2): 215 -219.
[25] 郭应龙，李国兴，尤传永. 输电线路舞动 [M]. 北京: 中国电力出版社，2003.
[26] 刘昌盛，刘和志，姜丁尤，等. 输电线路覆冰舞动研究综述 [J]. 科学技术与工程，2014 (24): 156 -164.
[27] 张勇. 输电线路风灾防御的现状与对策 [J]. 华东电力，2006，34 (3): 28 -31.
[28] 谢强，张勇，李杰. 华东电网 500 kV 任上 5237 线飑线风致倒塔事故调查分析 [J]. 电网技术，2006，30 (10): 59 -63.
[29] 肖东坡. 500 kV 输电线路风偏故障分析及对策 [J]. 电网技术，2009，33 (5): 99 -102.
[30] Long Lihong, Hu Yi, Li Jinglu, et al. Parameters for wind caused overhead

transmission line swing and fault [C] //2006 IEEE Region 10 Conference. Hong Kong, 2006: 1-4.

[31] 张娇艳, 吴立广, 张强. 全球变暖背景下我国热带气旋灾害趋势分析 [J]. 热带气象学报, 2011, 27 (4): 442-454.

[32] Winkler J, Dueñas-Osorio L, Stein R, et al. Performance assessment of topologically diverse power systems subjected to hurricane events [J]. Reliability Engineering & System Safety, 2010, 95 (4): 323-336.

[33] 吴田, 胡毅, 阮江军, 等. 交流输电线路模型在山火条件下的击穿机理 [J]. 高电压技术, 2011, 37 (5): 1115-1122.

[34] El-zohri E H, Abdel-salam M, Shafey H M, et al. Mathematical modeling of flashover mechanism due to deposition of fire-produced soot particles on suspension insulators of a HVTL [J]. Electric Power Systems Research, 2013, 95: 232-246.

[35] 胡湘, 陆佳政, 曾祥君, 等. 输电线路山火跳闸原因分析及其防治措施探讨 [J]. 电力科学与技术学报, 2010, 25 (2): 73-78.

[36] 雷国伟, 何伟明, 林健枝. 架空输电线路走廊防山火综合监测系统实现与应用 [J]. 电气技术, 2013 (12): 112-115.

[37] 余凤先, 谭光杰, 潘峰, 等. 输电线路地质灾害危险性评估中需要注意的几个问题 [J]. 电力勘测设计, 2012 (1): 20-22.

[38] 王昊昊, 罗建裕, 徐泰山, 等. 中国电网自然灾害防御技术现状调查与分析 [J]. 电力系统自动化, 2010, 34 (23): 5-10.

[39] CIGRE WG B2.42. Guide to the operation of conventional conductor systems above 100°C [R]. Paris, France: CIGRE, 2015.

[40] Billinton R, Bollinger K E. Transmission system reliability evaluation using markov processes [J]. IEEE Transactions on Power Apparatus & Systems, 1968, 87 (2): 538-547.

[41] 国家能源局. DL/T 837-2012 输变电设施可靠性评价规程 [S]. 北京: 中国电力出版社, 2012.

[42] Billinton R, Cheng L. Incorporation of weather effects in transmission system models for composite system adequacy evaluation [J]. Generation, Transmission and Distribution, IEE Proceedings, 1986, 133 (6): 319-327.

[43] 陈永进, 任震, 黄雯莹. 考虑天气变化的可靠性评估模型与分析 [J]. 电力系统自动化, 2004, 28 (21): 17-21.

[44] Bhuiyan M R, Allan R N. Inclusion of weather effects in composite system relia-

bility evaluation using sequential simulation [J]. Generation, Transmission and Distribution, IEE Proceedings, 1994, 141 (6): 575 -584.

[45] 魏亚楠. 计及微振磨损及风雨荷载的输电线可靠性建模和评估 [D]. 重庆: 重庆大学, 2014.

[46] 王磊, 赵书强, 张明文. 考虑天气变化的输电系统可靠性评估 [J]. 电网技术, 2011, 35 (7): 66 -70.

[47] 中华人民共和国国家发展和改革委员会. DL/T 861 -2004. 电力可靠性基本名词术语 [S]. 北京: 中国电力出版社, 2004.

[48] Li W, Zhou J, Xiong X. Fuzzy models of overhead power line weather-related outages [J]. IEEE Transactions on Power Systems, 2008, 23 (3): 1529 -1531.

[49] Li W, Xiong X, Zhou J. Incorporating fuzzy weather-related outages in transmission system reliability assessment [J]. IET Generation, Transmission & Distribution, 2009, 3 (1): 26 -37.

[50] Liu H, Davidson R A, Rosowsky D V, et al. Negative binomial regression of electric power outages in hurricanes [J]. Journal of Infrastructure Systems, 2005, 11 (4): 258 -267.

[51] Han S, Guikema S D, Quiring S M, et al. Estimating the spatial distribution of power outages during hurricanes in the Gulf coast region [J]. Reliability Engineering and System Safety, 2009, 94 (2): 199 -210.

[52] Yong Liu, Singh C. A methodology for evaluation of hurricane impact on composite power system reliability [J]. IEEE Transactions on Power Systems, 2011, 26 (1): 145 -152.

[53] Li Gengfeng, Zhang Peng, Luh P B, et al. Risk analysis for distribution systems in the northeast U. S. under wind storms [J]. IEEE Transactions on Power Systems, 2014, 29 (2): 889 -898.

[54] 段大鹏, 张玉佳, 郭鑫宇, 等. 气象因素对北京电网设备影响的统计规律及时空分布特征 [J]. 高压电器, 2013, 49 (7): 75 -79.

[55] 付桂琴, 曹欣. 雷雨大风与河北电网灾害特征分析[J]. 气象, 2012, 38 (3): 353 -357.

[56] 方丽华, 熊小伏, 方嵩, 等. 基于电网故障与气象因果关联分析的系统风险控制决策 [J]. 电力系统保护与控制, 2014, 42 (17): 113 -119.

[57] Savory E, Parke G R, Disney P, et al. Wind-induced transmission tower foundation loads: A field study-design code comparison [J]. Journal of Wind Engi-

neering & Industrial Aerodynamics, 2008, 96 (6-7): 1103-1111.

[58] Hamada A, Damatty A E. Behaviour of guyed transmission line structures under tornado wind loading [J]. Computers & Structures, 2011, 89 (11-12): 986-1003.

[59] Lin W E, Savory E, Mcintyre R P, et al. The response of an overhead electrical power transmission line to two types of wind forcing [J]. Journal of Wind Engineering & Industrial Aerodynamics, 2012, 100 (1): 58-69.

[60] 白海峰，李宏男. 输电线路杆塔疲劳可靠性研究 [J]. 中国电机工程学报，2008，28 (6)：25-31.

[61] 冯径军，柳春光，冯娇. 输电塔线在覆冰与风载下的可靠性分析 [J]. 水电能源科学，2011，29 (10)：203-206.

[62] 姚陈果，李宇，周泽宏，等. 基于极限承载力分析的覆冰输电塔可靠性评估 [J]. 高电压技术，2013，39 (11)：2609-2614.

[63] 韩卫恒，刘俊勇，张建明，等. 冰冻灾害下计入地形及冰厚影响的分时段电网可靠性分析 [J]. 电力系统保护与控制，2010，38 (15)：81-86.

[64] Dan Zhu, Cheng Danling, Broadwater R P, et al. Storm modeling for prediction of power distribution system outages [J]. Electric Power Systems Research, 2007, 77 (8): 973-979.

[65] Radmer D T, Kuntz P A, Christie R D, et al. Predicting vegetation-related failure rates for overhead distribution feeders [J]. IEEE Transactions on Power Delivery, 2002, 17 (4): 1170-1175.

[66] 朱清清，严正，贾燕冰，等. 输电线路运行可靠性预测 [J]. 电力系统自动化，2010，34 (24)：18-22.

[67] 熊小伏，王尉军，于洋，等. 多气象因素组合的输电线路风险分析 [J]. 电力系统及其自动化学报，2011，23 (6)：11-15，28.

[68] 孙羽，王秀丽，王建学，等. 架空线路冰风荷载风险建模及模糊预测 [J]. 中国电机工程学报，2011，31 (7)：21-28.

[69] 杨洪明，黄拉，何纯芳，等. 冰风暴灾害下输电线路故障概率预测 [J]. 电网技术，2012，36 (4)：213-218.

[70] Yang H, Chung C Y, Zhao J, et al. A probability model of ice storm damages to transmission facilities [J]. IEEE Transactions on Power Delivery, 2013, 28 (2): 557-565.

[71] 宋嘉婧，郭创新，张金江，等. 山火条件下的架空输电线路停运概率模型 [J]. 电网技术，2013，37 (1)：100-105.

[72] 谢云云，薛禹胜，文福拴，等. 冰灾对输电线故障率影响的时空评估 [J]. 电力系统自动化，2013，37（18）：32-41.
[73] 谢云云，薛禹胜，王昊昊，等. 电网雷击故障概率的时空在线预警 [J]. 电力系统自动化，2013，37（17）：44-51.
[74] 熊小伏，方伟阳，程韧俐，等. 基于实时雷击信息的输电线强送决策方法 [J]. 电力系统保护与控制，2013，41（19）：7-11.
[75] 赵芝，石季英，袁启海，等. 输电线路的雷击跳闸概率预测计算新方法 [J]. 电力系统自动化，2015，39（3）：51-58.
[76] 吴勇军，薛禹胜，陆佳政，等. 山火灾害对电网故障率的时空影响 [J]. 电力系统自动化，2016，40（3）：14-20.
[77] 端义宏，金荣花. 我国现代天气业务现状及发展趋势 [J]. 气象科技进展，2012，2（5）：6-11.
[78] 兰红平，陈训来，孙向明，等. 深圳市气象灾害分区预警系统研究 [J]. 气象科技，2010，38（5）：629-634.
[79] 中国气象局. 精针细线织天网——国家气象中心五大举措提升台风预报服务精细化程度 [EB/OL]. [2015-08-07]. http：//www.cma.gov.cn/2011xwzx/2011xqxxw/2011xqxyw/201508/t20150807_289934.html.
[80] 张继芬，张世钦，胡永洪. 福建电网气象信息预警系统的设计与实现 [J]. 电力系统保护与控制，2009，37（13）：72-74.
[81] 林仲. 福建省电网气象防灾预警系统研究 [D]. 福州：福州大学，2011.
[82] 郑旭，赵文彬，肖嵘，等. 华东电网 500 kV 输电线路气象环境风险预警研究及应用 [J]. 华东电力，2010，38（8）：1220-1225.
[83] 李俊. 基于气象信息的电网风险预警系统应用 [J]. 广西电力，2013，36（5）：25-27.
[84] 周卫，缪升，屈俊童，等. 电网系统气象灾害的精细化预警研究 [J]. 云南大学学报（自然科学版），2008，30（S2）：286-290.
[85] 薛丽芳，王亦宁，谢凯，等. 基于防灾预警电网气象信息系统的设计与实现 [J]. 水电自动化与大坝监测，2013，37（2）：5-9.
[86] 方丽华，方嵩，熊小伏，等. 输电线路绕击故障概率分析及雷电预警方法 [J]. 广东电力，2014，27（3）：95-100.
[87] Guo J，Gu S，Feng W，et al. Lightning warning method of transmission lines based on multi-information fusion：Analysis of summer thunderstorms in Jiangsu [C] //2014 International Conference on Lightning Protection（ICLP）. IEEE，2014：600-605.

[88] 谷山强，陈家宏，陈维江，等. 架空输电线路雷击闪络预警方法 [J]. 高电压技术，2013，39 (2)：423-429.
[89] 曹永兴，张昌华，黄琦，等. 输电线路覆冰在线监测及预警技术的国内外研究现状 [J]. 华东电力，2011，39 (1)：96-99.
[90] Ashkan Z，Musilek P，Shi Xiaoyu，et al. Learning to predict ice accretion on electric power lines [J]. Engineering Applications of Artificial Intelligence，2012，25 (3)：609-617.
[91] 文华，周文俊，唐泽洋，等. 基于紫外成像技术的110 kV输电线路复合绝缘子融冰闪络预警方法及判据 [J]. 高电压技术，2012，38 (10)：2589-2595.
[92] 潘颖杰. 架空输电线路覆冰灾害预警及应急响应系统研究 [D]. 昆明：云南大学，2014.
[93] 朱晔，王海涛，吴念，等. 输电线路覆冰在线监测动态预警模型 [J]. 高电压技术，2014，40 (5)：1374-1381.
[94] 熊军,林韩，王庆华，等. 基于GIS的区域电网风灾预警模型研究 [J]. 华东电力，2011，39 (8)：1248-1252.
[95] 熊军，林韩，王庆华. 高分辨率电网风灾预警系统的研究与实现 [C] //第二十届华东六省一市电机工程（电力）学会输配电技术讨论会论文集. 合肥，2012：1-7.
[96] 包博，程韧俐，熊小伏，等. 一种计及微地形修正的输电线台风风险预警方法 [J]. 电力系统保护与控制，2014，42 (14)：79-86.
[97] 陈扬，王红斌，高雅，等. 基于台风预报的线路安全预警模型初探 [J]. 自动化与仪器仪表，2015 (12)：199-202.
[98] 黄新波，陶保震，赵隆，等. 采用无线信号传输的输电线路导线风偏在线监测系统设计 [J]. 高电压技术，2011，37 (10)：2350-2355.
[99] Li N，Lv Y，Ma F，et al. Research on overhead transmission line windage yaw online monitoring system and key technology [C] //2010 International Conference on Computer and Information Application (ICCIA). IEEE，2010：71-74.
[100] 翁世杰. 架空输电线路大风灾害预警方法研究 [D]. 重庆：重庆大学，2015.
[101] 叶立平，陈锡阳，何子兰，等. 山火预警技术在输电线路的应用现状 [J]. 电力系统保护与控制，2014，42 (6)：145-153.
[102] Frost P，Annegarn H. Providing satellite-based early warnings of fires to reduce fire flashovers on South Africa's transmission lines [C] //International Geoscience and Remote Sensing Symposium. Barcelona，Spain，2007：2244-2443.

[103] 徐志光，林韩，陈金祥，等. 基于模糊模型识别的福建电网火烧山预警研究 [J]. 华东电力，2009，37 (7)：1142 - 1144.
[104] 陆佳政，吴传平，杨莉，等. 输电线路山火监测预警系统的研究及应用 [J]. 电力系统保护与控制，2014，42 (16)：89 - 95.
[105] 杨莉，罗学礼，王森. 输电走廊滑坡泥石流灾害预警预报 [J]. 云南电力技术，2013，41 (3)：75 - 76，85.
[106] 宋军，赵凡，严天峰，等. 高精度 GPS 形变系统在电力杆塔监测中的应用 [J]. 自动化与仪器仪表，2013 (4)：156 - 158，226.
[107] 李哲，梁允，熊小伏，等. 基于层次分析法的输电线塔基降雨滑坡预警方法 [J]. 智能电网，2014，2 (9)：29 - 33.
[108] Haimes Y Y. Risk modeling，assessment and management [M]. 2nd ed. New Jersey，USA：John Wiley & Sons，2005.
[109] Li Wenyuan. Risk assessment of power systems：Models，methods and applications [M]. New Jersey，USA：Wiley-IEEE Press，2004.
[110] Met Office. Weather warnings guide [EB/OL]. http：//www. metoffice. gov. uk/guide/weather/warnings.
[111] 中国国家标准化委员会. GB/T27962 - 2011 气象灾害预警信号图标 [S]. 北京：气象出版社，2011.
[112] 薛禹胜，费圣英，卜凡强. 极端外部灾害中的停电防御系统构思（一）新的挑战与反思 [J]. 电力系统自动化，2008，32 (9)：1 - 6.
[113] 薛禹胜，费圣英，卜凡强. 极端外部灾害中的停电防御系统构思（二）任务与展望 [J]. 电力系统自动化，2008，32 (10)：1 - 5.
[114] 薛禹胜，吴勇军，谢云云，等. 停电防御框架向自然灾害预警的拓展 [J]. 电力系统自动化，2013，37 (16)：18 - 26.
[115] 方勇杰，鲍颜红，徐泰山，等. 人工紧急调控与自动紧急控制协同防御 [J]. 电力系统自动化，2012，36 (22)：6 - 11.
[116] 刘茂. 事故风险分析理论与方法 [M]. 北京：北京大学出版社，2011.
[117] 周宁，熊小伏. 电力气象技术及应用 [M]. 北京：中国电力出版社，2015.
[118] 何剑，程林，孙元章，等. 条件相依的输变电设备短期可靠性模型 [J]. 中国电机工程学报，2009，29 (7)：39 - 46.
[119] 孙元章，程林，何剑. 电力系统运行可靠性理论 [M]. 北京：清华大学出版社，2012.

[120] 帅海燕，龚庆武，陈道君. 计及污闪概率的输电线路运行风险评估理论与指标体系 [J]. 中国电机工程学报，2011，31 (16)：48 - 54.
[121] 孙即祥. 现代模式识别 [M]. 2版. 北京：高等教育出版社，2008.
[122] 丁一汇. 中国气候 [M]. 北京：科学出版社，2013.
[123] 中国气象局. QX/T 152 - 2012 气候季节划分 [S]. 北京：气象出版社，2012.
[124] 深圳市气象局. 深圳市气候概况 [EB/OL]. [2015 - 03 - 07]. http://www.szmb.gov.cn/article/QiHouYeWu/qihouxinxigongxiang/GaiKuangSiJiTeZheng.
[125] 杨振海，程维虎，张军舰. 拟合优度检验 [M]. 北京：科学出版社，2011.
[126] 金星，洪延姬，沈怀荣，等. 工程系统可靠性数值分析方法 [M]. 北京：国防工业出版社，2002.
[127] Edimu M, Gaunt C T, Herman R. Using probability distribution functions in reliability analyses [J]. Electric Power Systems Research, 2011, 81 (4): 915 - 921.
[128] Kim J S, Kim T Y, Sun H. An algorithm for repairable item inventory system with depot spares and general repair time distribution [J]. Applied Mathematical Modeling, 2007, 31 (5): 795 - 804.
[129] 宁辽逸，吴文传，张伯明. 一种适用于运行风险评估的元件修复时间概率分布 [J]. 中国电机工程学报，2009，29 (16)：15 - 20.
[130] Billinton R, Li Wenyun. Reliability Assessment of Electrical Power Systems Using Monte Carlo Methods [M]. New York, USA: Plenum Press, 1994.
[131] 胡毅，刘凯，吴田，等. 输电线路运行安全影响因素分析及防治措施 [J]. 高电压技术，2014，40 (11)：3491 - 3499.
[132] CLAPP A L. Calculation of horizontal displacement of conductors under wind loading toward buildings and other supporting structures [J]. IEEE Trans on Industry Applications, 1994, 30 (2): 496 - 504.
[133] Yan B, Lin X, Luo W, et al. Numerical study on dynamic swing of suspension insulator string in overhead transmission line under wind load [J]. IEEE Transactions on Power Delivery, 2010, 25 (1): 248 - 259.
[134] 李黎，肖林海，罗先国，等. 特高压绝缘子串的风偏计算方法 [J]. 高电压技术，2013，39 (12)：2924 - 2932.
[135] 黄俊杰，汪涛，朱昌成. 220 kV 输电线路风偏跳闸的分析研究 [J]. 湖

北电力，2012，36（2）：65－67.

［136］肖林海．特高压悬垂绝缘子串的风偏特性［D］．武汉：华中科技大学，2013.

［137］中国国家标准化管理委员会．GB/T 21984－2008　短期天气预报［S］．北京：中国标准出版社，2012.

［138］中国气象局．QX/T 229－2014　风预报检验方法［S］．北京：气象出版社，2015.

［139］侯淑梅，张少林，盛春岩，等．T639数值预报产品对黄渤海沿海大风预报效果检验［J］．海洋预报，2014，31（6）：48－56.

［140］何晓凤，周荣卫，孙逸涵．3个全球模式对近地层风场预报能力的对比检验［J］．高原气象，2014，33（5）：1315－1322.

［141］吴曼丽，王瀛，袁子鹏，等．基于自动站资料的海上风客观预报方法［J］.气象与环境学报，2013，29（1）：84－88.

［142］蔡钧，傅鹏程．IEC、ASCE、GB50545规范风压高度变化系数对比与分析［J］.电力勘察设计，2011，17（5）：58－60，75.

［143］中华人民共和国住房和城乡建设部．GB/T 50009－2012　建筑结构荷载规范［S］．北京：中国建筑工业出版社，2012.

［144］中国国家标准化管理委员会．GB/T 28591－2012　风力等级［S］．北京：中国标准出版社，2012.

［145］CIGRE Technical Brochure No. 322. State of the art of conductor galloping［R］. Paris，France：CIGRE，2005.

［146］朱宽军，刘彬，刘超群，等．特高压输电线路防舞动研究［J］．中国电机工程学报，2008，28（34）：12－20.

［147］Den Hartog J P. Transmission line vibration due to sleet［J］. AIEE Trans，1932，51（91）：1074－1086.

［148］Nigol O，Buchan P G. Conductor galloping，partⅠ：Den Hartog mechanism［J］. IEEE Transactions on Power Apparatus and Systems，1981，100（2）：699－707.

［149］Nigol O，Buchan P G. Conductor galloping，part Ⅱ：Torsional mechanism［J］. IEEE Transactions on Power Apparatus and Systems，1981，100（2）：708－720.

［150］Yu P，Desai M，Shah A H，et al. Three-degree-of-freedom model for galloping. Part 1：formulation［J］. Journal of Engineering Mechanics，1993，119（12）：2404－2425.

［151］尤传永．导线舞动稳定性机理及其在输电线路上的应用［J］．电力设备，2004，5（6）：13－17.

[152] Byun G S, Egbert R I. Two-degree-of-freedom analysis of power line galloping by describing function methods [J]. Electric Power Systems Research, 1991, 21 (3): 187 - 193.

[153] 李黎，陈元坤，夏正春，等. 覆冰导线舞动的非线性数值仿真研究 [J]. 振动与冲击，2011，30 (8): 107 - 111.

[154] Cai M, Yan B, Lu X, et al. Numerical Simulation of Aerodynamic Coefficients of Iced-Quad Bundle Conductors [J]. IEEE Transactions on Power Delivery, 2015, 30 (4): 1669 - 1676.

[155] 张帆，熊兰，刘钰. 基于加速度传感器的输电线舞动监测系统 [J]. 电测与仪表，2009，46 (1): 30 - 33.

[156] 周渌，杨柱石，陈伟根，等. 采用 ZigBee PRO 无线网络技术的导线舞动多点监测系统设计 [J]. 高电压技术，2011，37 (8): 1967 - 1974.

[157] 黄新波，赵隆，周柯宏，等. 采用惯性传感器的输电导线舞动监测系统 [J]. 高电压技术，2014，40 (5): 1312 - 1319.

[158] Yu P, Desai Y M, Popplewell N, et al. Three-degree-of-freedom model for galloping, Part 2: solutions [J]. Journal of Engineering Mechanics, 1993, 119 (12): 2426 - 2448.

[159] 赵作利. 输电线路导线舞动及其防治 [J]. 高电压技术，2004，30 (2): 57 - 58.

[160] Couture P. Smart Power Line and photonic de-icer concepts for transmission line capacity and reliability improvement [J]. Cold Regions Science and Technology, 2011, 65 (1): 13 - 22.

[161] 李新民，朱宽军，李军辉. 输电线路舞动分析及防治方法研究进展 [J]. 高电压技术，2011，37 (2): 484 - 490.

[162] 赵汝祥，胥婷，王德洲. 输电线路舞动概况及故障分析 [J]. 价值工程，2012 (9): 18 - 19.

[163] Peter Harrington. 机器学习实战 [M]. 李锐，李鹏，曲亚东，等译. 北京：人民邮电出版社，2013.

[164] 黄奇瑞. 基于粗糙集理论和 SVM 分类算法的遥感影像分类 [D]. 昆明：昆明理工大学，2012.

[165] 张春霞. 集成学习中有关算法的研究 [D]. 西安：西安交通大学，2010.

[166] 万源. 一个基于 SLIQ 算法的模型及应用决策桩选择 [J]. 信息技术，2005，39 (12): 60 - 62，65.

[167] 谢金梅，王燕妮. 决策树算法综述 [J]. 软件导刊，2008，7 (11): 83 - 85.

[168] 陈云樱，吴积钦，徐可佳. 决策树中基于基尼指数的属性分裂方法 [J]. 微机发展，2004，14（5）：66－68.

[169] WWRP/WGNE. Forecast verification：Issues，methods and FAQ [EB/OL]. http：//www. cawcr. gov. au/projects/verification/verif_ web_ page. html.

[170] 罗阳，赵伟，翟景秋. 两类天气预报评分问题研究及一种新评分方法 [J]. 应用气象学报，2009，20（2）：129－136.

[171] 潘留杰，张宏芳，王建鹏. 数值天气预报检验方法研究进展 [J]. 地球科学进展，2014，29（3）：327－335.

[172] Hairong Qi，Xiaorui Wang，Tolbert L M，et al. A resilient real-time system design for a secure and reconfigurable power grid [J]. IEEE Transactions on Smart Grid，2011，2（4）：770－781.

[173] 宋国兵，陶然，李斌，等. 含大规模电力电子装备的电力系统故障分析与保护综述 [J]. 电力系统自动化，2017，41（12）：2－12.

[174] 陈国平，王德林，裘愉涛，等. 继电保护面临的挑战与展望 [J]. 电力系统自动化，2017，41（16）：1－11.

[175] 葛耀中. 自适应继电保护及其前景展望 [J]. 电力系统自动化，1997，21（9）：42－46.

[176] 朱永利，宋少群，于红. 基于广域网和多智能体的自适应协调保护系统的研究 [J]. 中国电机工程学报，2006，26（16）：15－20.

[177] 刘凯，李幼仪，伊沃布林西奇，等. 自适应线路差动保护新原理 [J]. 中国电机工程学报，2016，36（13）：3440－3450.

[178] 吴鸣，刘海涛，陈文波，等. 中低压直流配电系统的主动保护研究 [J]. 中国电机工程学报，2016，36（4）：891－899.

[179] 刘有为. 基于智能高压设备的主动保护与控制技术 [J]. 电网技术，2012，36（12）：71－75.

[180] 王昊昊，徐泰山，李碧君，等. 自适应自然环境的电网安全稳定协调防御系统的应用设计 [J]. 电力系统自动化，2014，38（9）：143－151.

[181] 蔡斌，薛禹胜，薛峰，等. 智能电网运行充裕性的研究框架（二）：问题与思路 [J]. 电力系统自动化，2014，38（11）：1－6.

[182] 薛禹胜，吴勇军，谢云云，等. 停电防御框架向自然灾害预警的拓展 [J]. 电力系统自动化，2013，37（16）：18－26.

[183] 黄男杰. 电站设备管理方法及其维修系统的研究 [D]. 上海：上海交通大学，2010.

[184] 赵渊，张煦，杨清. 基于可靠性成本/效益分析的电网计划检修周期优

化［J］. 电力系统自动化，2014，38（20）：54－59.
［185］赵洪山，张路朋. 基于可靠度的风电机组预防性机会维修策略［J］. 中国电机工程学报，2014，34（22）：3777－3783.
［186］汲国强，吴文传，张伯明，等. 一种适用于状态检修的电力设备时变停运模型［J］. 中国电机工程学报，2013（25）：139－146，21.
［187］赵洪山，张兴科，郭伟. 考虑不完全维修的风机齿轮箱优化检修策略［J］. 电力系统保护与控制，2014，42（10）：15－22.
［188］许婧，王晶，高峰，等. 电力设备状态检修技术研究综述［J］. 电网技术，2000，24（8）：48－52.
［189］曹建东，吴姜，蔡泽祥，等. 电力系统二次设备状态参量模型的构建［J］. 南方电网技术，2012，5（3）：107－110.
［190］王一，王慧芳，张亮，等. 基于效用和成本的状态检修维修方式选择研究［J］. 电力系统保护与控制，2010，38（19）：39－45.
［191］王俏文，丁坚勇，陶文伟，等. 基于层次分析模型的二次设备状态检修方法［J］. 南方电网技术，2013，7（4）：97－102.
［192］张怀宇，朱松林，张扬，等. 输变电设备状态检修技术体系研究与实施［J］. 电网技术，2009，33（13）：70－73.
［193］陈绍辉. 基于全寿命周期成本的变电设备状态维修策略研究［D］. 北京：华北电力大学，2012.
［194］亓莉莉. 电力变电设备状态检修的研究［D］. 济南：山东大学，2013.
［195］张炜. 基于状态评价及风险评估的变电设备状态检修方法研究［D］. 北京：华北电力大学，2014.
［196］要焕年. 电气设备两种检修制度的比较［J］. 电网技术，1997，21（5）：55－61.
［197］田玲，刑建国. 电气设备实施状态维修决策方法的探讨［J］. 电网技术，2004，28（16）：60－63.
［198］龚大德. 电力设备故障率统计方法的探讨［J］. 吉林电力技术，1983（6）：1－11.
［199］苏傲雪，范明天，张祖平，等. 配电系统元件故障率的估算方法研究［J］. 电力系统保护与控制，2013（19）：61－66.
［200］Li Wenyuan, Vaahedi E, Choudhury P. Power system equipment aging［J］. IEEE Power and Energy Magazin, 2006, 4（3）: 52－58.
［201］Bertling L, Allan R, Eriksson R. Areliability-centered asset maintenance method for assessing the impact of maintenance in power distribution systems［J］.

IEEE Trans. on Power Systems, 2005, 20 (1): 75 – 82.
[202] Retterath B, Uenkata S S, Chowdhury A A. Impact of time-varying failure rates on distribution reliability [J]. Electrical Power and Energy Systems, 2005, 27 (9): 682 – 688.
[203] Gerard L. A failure model for distribution systems [C] //Proceedings of IEEE Power Engineering Society General Meeting 2004. Denver: Power Engineering Society, 2004, 1836 – 1840.
[204] 胡泽江，刘宗兵，束洪春. 基于BP神经网络的设备故障率获取 [J]. 云南水力发电，2008 (1): 85 – 88.
[205] 潘乐真，张焰，俞国勤，等. 状态检修决策中的电气设备故障率推算 [J]. 电力自动化设备，2010，30 (2): 91 – 94.
[206] Yang S. A condition-based failure-prediction and processing-scheme for preventive maintenance [J]. IEEE Transactions on Reliability, 2003, 52 (3): 373 – 383.
[207] Sheu S H, Chang T H. Generalized sequential preventive maintenance policy of a system subject to shocks [J]. International Journal of Systems Science, 2002, 33: 267 – 276.
[208] Block H W, Borges W S, Savits T H. Age-dependent minimal repair [J]. Journal of Applied Probability, 1985, 22 (2): 370 – 385.
[209] Dedopoulos L T, Smeers Y. An age reduction approach for finite horizon optimization of preventive maintenance for single units subject to random failures [J]. Computers ind. Engng, 1998, 34 (3): 643 – 654.
[210] Chan J K, Shaw L. Modeling repairable systems with failure rates that depend on age and maintenance [J]. IEEE Transactions on Reliability, 1993, 42 (4): 566 – 571.
[211] Martorell S, Sanchez A, Serradell V. Age-dependent reliability model considering effects of maintenance and working conditions [J]. Reliability Engineering & System Safety, 1999, 64 (1): 19 – 31.
[212] Nakagawa T. Sequential imperfect preventive maintenance policies [J]. IEEE Transactions on Reliability, 1988, (3): 295 – 298.
[213] Levitin G, Lisnianski A. Optimization of imperfect preventive maintenance for multistate systems [J]. Reliability Engineering and System Safety, 2000 (2): 193 – 203.
[214] Zhao Y X. On preventive maintenance policy of a critical reliability level for system subject to degradation [J]. Reliability Engineering and System Safety,

2003 (3): 301 - 308.

[215] 张蓬鹤，张丹丹，饶章权，等. 基于模糊层次分析法的接地网状态评估研究 [J]. 电测与仪表，2011，12：5 - 7，16.

[216] 赵文清，朱永利，姜波，等. 基于贝叶斯网络的电力变压器状态评估 [J]. 高电压技术，2008，34 (5)：1032 - 1039.

[217] 袁志坚，孙才新，袁张渝，等. 变压器健康状态评估的灰色聚类决策方法 [J]. 重庆大学学报 (自然科学版)，2005，28 (3)：22 - 25.

[218] 姜涛，韩富春，范卫星. 基于粗糙集理论的架空输电线路运行状态评估 [J]. 电气技术，2007 (4)：58 - 60.

[219] 廖瑞金，王谦，骆思佳，等. 基于模糊综合评判的电力变压器运行状态评估模型 [J]. 电力系统自动化，2008，32 (3)：70 - 75.

[220] 杜林，袁蕾，熊浩，等. 电力变压器运行状态可拓层次评估 [J]. 高电压技术，2011，37 (04)：897 - 903.

[221] 魏延芹. 基于物元与证据理论相结合的高压断路器状态评估方法研究 [D]. 重庆：重庆大学，2008.

[222] 薛敏，韩富春. 基于灰色理论的电力变压器运行状态评估 [J]. 电气技术，2010 (6)：21 - 23.

[223] 丁明，冯永青. 发输电设备联合检修安排模型及算法研究 [J]. 中国电机工程学报，2004，24 (5)：18 - 23.

[224] 魏少岩，徐飞，闵勇. 输电线路检修计划模型 [J]. 电力系统自动化，2006，30 (17)：41 - 44.

[225] 玛永青，吴文传，张伯明，等. 基于可信性理论的输电网短期线路检修计划 [J]. 中国电机工程学报，2007，27 (4)：65 - 70.

[226] Yang F, Chang C S. Multiobjective evolutionary optimization of maintenance schedules and extents for composite power systems [J]. IEEE Transactions on Power Systems, 2009, 24 (4): 1694 - 1702.

[227] 张媛，熊小伏，周家启，等. 基于灰色模糊综合评判的断路器维修排序方法 [J]. 电网技术，2008 (8)：21 - 24.

[228] 邓彬，郭创新，王越，等. 基于 well-being 分析的电网设备重要度评估与排序方法 [J]. 电网技术，2013，37 (12)：3489 - 3496.

[229] 赵登福，段小峰，张磊. 考虑设备状态和系统风险的输电设备检修计划 [J]. 西安交通大学学报，2012 (3)：84 - 89.

[230] 刘沛清，李华强，赵阳，等. 考虑元件综合重要度的电网安全性风险评估方法 [J]. 电力自动化设备，2015 (4)：132 - 138，144.

[231] 库玛. 可靠性、维修与后勤保障：寿命周期方法 [M]. 刘庆华，等译. 北京：电子工业出版社，2010.

[232] 侯艾君. 继电保护状态评价方法及其在检修决策中的应用 [D]. 重庆：重庆大学，2012.

[233] Lu Xiaofei, Chen Maoyin, Liu Min, et al. Exact results on the statistically expected total cost and optimal solutions for extended periodic imperfect preventive maintenance [J]. IEEE Transactions on reliability, 2012, 61 (2): 378 - 386.

[234] 齐飞. 武器装备维修质量评估方法研究 [D]. 长沙：国防科学技术大学，2003.

[235] 盛骤，谢式千，潘承毅. 概率论与数理统计 [M]. 4 版. 北京：高等教育出版社，2008.

[236] 王昌长，李福祺，高胜友. 电力设备的在线监测与故障诊断 [M]. 北京：清华大学出版社，2006.

[237] 黄新波，等. 变电设备在线监测与故障诊断 [M]. 2 版. 北京：中国电力出版社，2013.

[238] Natti S, Kezunovic M. Model for quantifying the effect of circuit breaker maintenance using condition-based data [C]. Lausanne; Power Tech IEEE, 2007, 1605 - 1610.

[239] 牛君. 基于非参数密度估计点样本分析建模的应用研究 [D]. 济南：山东大学，2007.

[240] 王星. 非参数统计 [M]. 北京：清华大学出版社，2009.

[241] 胡文堂，余绍峰，鲁宗相，等. 输变电设备风险评估与检修策略优化 [M]. 北京：中国电力出版社，2011.

[242] 李文沅. 电力系统风险评估：模型、方法和应用 [M]. 周家启，等译. 北京：科学出版社，2006.

[243] 张大波. 基于状态监测与系统风险评估的电力设备维修及更新策略研究 [D]. 重庆：重庆大学，2012.

[244] 冯超. 电力变压器检修与维护 [M]. 北京：中国电力出版社，2013.

[245] 苏涛，王兴友. 高压断路器现场维护与检修 [M]. 北京：中国电力出版社，2011.

[246] 熊小伏. 电气设备主动保护与控制概念及功能架构 [J]. 电力系统自动化，2018 (2): 1 - 10.